Treatment Technology and Application of Consolidation
Method for Marshy and Lacustrine Soft Soil

湿地湖泊相软土固结法
处理技术与应用

刘春原　马文栋　著

人民交通出版社股份有限公司
China Communications Press Co.,Ltd.

内 容 提 要

湖泊湿地(或古湖泊湿地)在我国的南北部地区广泛的分布,并形成了沼泽性的湿地软土或软黏土。该软土和东部沿海的平原地区所广泛分布的海相软土有所不同,具有其鲜明的特点。

本书共十二章内容,依托邢衡高速衡水段工程对湿地湖泊相软土的物理特征、工程特性以及微观力学特征进行了详细的研究。首先在Ⅰ期工程中通过离心模型试验的方法,针对真空堆载联合预压法代替水泥土搅拌桩法进行了详细研究,并运用离散元方法对离心机试验做流固耦合分析;其次对Ⅱ期工程推广应用的堆载预压法和砂井排水预压法的实际应用情况进行了系统的试验研究。

本书内容翔实具体,图文并茂,概念清晰,可供土建、水利、交通、铁道等土木建筑工程领域,特别是从事高速公路软基的设计、施工、科研、管理的工程技术人员及高等院校相关专业的师生参考。

图书在版编目(CIP)数据

湿地湖泊相软土固结法处理技术与应用 / 刘春原,
马文栋著. — 北京 : 人民交通出版社股份有限公司,
2016.2
　ISBN 978-7-114-12821-9

Ⅰ.①湿… Ⅱ.①刘… ②马… Ⅲ.①湖泊—沼泽化
地—软土—固结(土力学) Ⅳ.①TU411.5

中国版本图书馆 CIP 数据核字(2016)第 030017 号

书　　名:	湿地湖泊相软土固结法处理技术与应用
著　作　者:	刘春原　马文栋
责任编辑:	刘永芬
出版发行:	人民交通出版社股份有限公司
地　　址:	(100011)北京市朝阳区安定门外外馆斜街 3 号
网　　址:	http://www.ccpress.com.cn
销售电话:	(010)59757973
总 经 销:	人民交通出版社股份有限公司发行部
经　　销:	各地新华书店
印　　刷:	北京鑫正大印刷有限公司
开　　本:	787×1092　1/16
印　　张:	13.5
字　　数:	310 千
版　　次:	2016 年 4 月　第 1 版
印　　次:	2016 年 4 月　第 1 次印刷
书　　号:	ISBN 978-7-114-12821-9
定　　价:	54.00 元

(有印刷、装订质量问题的图书由本公司负责调换)

前　　言

　　湖泊湿地(或古湖泊湿地)在我国的南北部地区广泛分布,并形成了沼泽性的湿地软土或软黏土。该软土和东部沿海的平原地区所广泛分布的软土有所不同,平原湖泊湿地地区的公路软土地基有它自己较为鲜明的特点,主要以两种形式出现:一种为分布于河流两岸的漫滩淤积地带,另一种为分布于古平原内陆湖泊边缘地带及一些低洼地区,即是常说的平原湿地。目前全国有多条高速公路和铁路穿越过湖泊湿地,软土或软弱土地基会带来大量沉降,而且达到沉降稳定的时间比较长,使得成本增加以及出现运行期间工程质量事故等隐患。

　　与东部沿海平原地区广泛分布的软土相比,衡水湖湿地湖泊相软土具有其自身的特点。我国沿海诸省,除去山东省部分地段外,大部分为泥质海岸,土层为淤泥、淤泥质黏土及淤泥混砂层,属于饱和压密黏土,这类软土地基的处理,经过多年工程实践和经验积累,在国内已取得了较为成熟的成果。由于平原湖泊湿地地区特殊环境气候的影响和地形地质条件的复杂性,修建高速公路需要在借鉴公路软基处理一般方法的基础上,选择恰当的软基处理技术,确保处治方法的适用性、科学性。

　　本书研究对象"邢衡高速"衡水段临近衡水湖,土体主要由粉土、黏土和粉质黏土构成,由于黏土层含水率较高,为典型的湖泊相软土,因而采用固结法处理技术成为本书的主要研究内容。

　　本书首先在Ⅰ期工程中,针对真空堆载联合预压法代替水泥土搅拌桩法进行了详细研究。

　　(1)对真空堆载联合预压法处理软土路基进行数值模拟,从孔隙水压力、路基表面沉降和分层沉降等方面进行分析,得出孔隙水压力随路堤堆载而上升,又随时间逐渐消散,路基沉降主要发生在堆载期间,预压期基本趋于稳定等结论,并与实测值进行对比分析。

　　(2)通过离心模型试验的方法,对本段试验段采用水泥搅拌桩方式和真空堆载联合预压方式处理的工后沉降影响情况进行研究。结果表明,离心机试验沉降发展先快然后迅速减慢,而现场工程沉降速率则是逐渐减慢。从孔隙水压力和土的有效应力结果来看,随着深度的增大,孔压值增大,而有效应力值在减小,现场工程的孔压消散值要大于离心机试验,相应的有效应力的增大也超过离心机试验,结果表明,现场工程的排水效果要好于离心机试验。

(3)运用离散元对离心机试验作流固耦合分析,排水体间距分为 2.6m 和 1.3m 两种情况,从沉降来看,表面沉降比其他模拟值更接近于现场工程的实测值,孔隙率的变化也更大。无论是实测值还是模拟值,都证明对粉质黏土层的加固效果是最好的,达到了重点加固软土层的目的。

其次对Ⅱ期工程推广应用的堆载预压法和砂井排水预压法的实际工程进行了详细研究:在路堤堆载阶段,路基中心地表的沉降会随堆载的增加而迅速增加,施工阶段的沉降占路基沉降的绝大部分;进入预压阶段后,各路基断面的工后沉降量、沉降速度根据各路段地层结构的不同和排水路径也存在较大差异;路基沉降主要发生在加固区范围内,且自加固区中心至加固区外 10m 处沉降趋势逐渐减小。加固区外 10m 以外土体,由于加固区土体侧向变形的原因会产生一定程度的隆起,当进入预压期后,隆起逐渐减小;路基土体的水平位移自地表向下逐渐减小,一般在软土、软弱土层侧向位移发展较大,在粉土和粉砂层发展较小。在预压期内,土体水平位移随固结沉降仍有增加,但增幅较小,且主要发生在上部土体范围内;路基中的超孔隙水压力随堆载的增加而增加,在荷载间歇期有一定程度消散,在下一级荷载继续开始增加,直至进入预压期,超孔压停止增加,开始持续消散直至最终消失,上部土体渗透性较好,孔压消散较快,孔压值较低,底部土体渗透性差,孔压消散慢,孔压值较高。

本书共 12 章内容。首先,从地质成因、地质分布评价等方面分析了湿地湖泊相软土区别于其他地区软土的原因;其次,分别对水泥土搅拌桩复合地基沉降计算、真空堆载联合预压沉降计算、堆载预压软土路基沉降计算和砂井堆载预压软土路基沉降计算,并对湿地湖泊相软土进行了 FLAC³ᴰ流固耦合数值模拟分析;同时,为模拟工程上的真空堆载联合预压技术,进行了软基加固的离心模型对比试验研究(水泥土搅拌桩复合地基法和真空联合堆载预压法);然后,采用离散元方法对离心机试验进行流固耦合分析;最后,运用 ABAQUS 软件对湿地湖泊相软土的排水固结法在二期工程中的推广应用进行了深入分析。

本书参编单位及人员包括河北工业大学的研究生朱楠、申松、张鹏超、刘寒宇、李杰和李镶涧；河北省高速公路邢衡筹建处的王向会、马文栋、岳建东、白志军；汇通路桥建设集团有限公司张籍文、田浩、崔永红等。其中第 1 章和第 12 章由刘春原、王向会编写，第 2 章由马文栋、朱楠编写，第 3 章由白志军、申松编写，第 4 章由王向会、朱楠编写，第 5 章由马文栋、张鹏超编写，第 6 章由岳建东、刘寒宇编写，第 7 章由白志军编写，第 8 章由李杰、张籍文编写，第 9 章由李镶涧、田浩编写，第 10 章由张鹏超、崔永红编写，第 11 章由朱楠编写；全书由河北工业大学刘春原统稿，朱楠博士对全书进行了校对和编辑。

本书的研究成果得到了河北省科学技术厅、河北省交通运输厅及河北省住房与城乡建设厅科技计划项目的资助，在此表示衷心的感谢。

感谢河北省高速公路邢衡筹建处、河北省建筑科学研究院、河北省交通规划设计院、衡水第三水文地质大队、汇通路桥建设集团有限公司等单位提供的许多宝贵资料，特别是汇通路桥建设集团有限公司在本课题实体实施过程中给予了积极协调、配合和施工支持。

由于作者水平有限，书中疏漏和不当之处在所难免，敬请读者批评指正。

最后，对参考文献的作者和相关网站，致以衷心的谢意。

作者

2015 年 9 月于河北工业大学

目　　录

第1章 绪 论

1.1 本书研究目的与意义

公路在促进社会进步和保障经济发展中发挥着重要作用。对于穿越古湖泊湿地地区的高速公路而言,公路的建设离不开软弱地基的处理和路基、边坡病害的整治两种关键技术问题的研究。由于特殊环境气候条件的影响和地形地质条件的复杂性,这两个问题显得尤为突出。

内陆平原湿地湖泊地区的公路建设具有几个较为显著的特征:一是下部软基除了具有高含水率和低强度的特点外,突出的特征是分布的连续性差和埋深不规律;二是由于受地质构造和人为干扰的影响,特别容易诱发路基和边坡病害。本书针对修建在古湖泊湿地地区的邢衡高速工程在建设中的关键技术问题开展"对湿地湖泊相软土路基加固模型试验对比和研究",力图为软土加固设计优化与施工工艺提供指导,并为此类工程的工后病害防治提供理论依据和实用技术方法。

修建高等级公路时,地基的变形和路堤的稳定是主要问题。与东部沿海平原地区广泛分布的软土不同,湖泊湿地地区的公路地基有其自身的特点。我国沿海诸省,除去山东省部分地段外,大部分为泥质海岸,土层为淤泥、淤泥质黏土、淤泥质亚黏土及泥混砂层,属于饱和的正常压密黏土。对于这类软土地基的处理方法,经过多年的工程实践和经验积累,国内已取得了较为成熟的科学成果。平原湖泊湿地地区受地形地势和气候降水等自然因素的影响,在这些地区修建高速公路,具有区别于东部沿海平原地区的鲜明特点:

(1)与东部平原地区的淤泥或淤泥质黏土、亚黏土不同,中西部地区软土地基较少,物理力学性质、结构性较好且厚度较小,但深度变化较大。

(2)水文地质条件特殊。地下水常处于不稳定状态,受大气降水影响较大,设计施工均应考虑这一特点。

这些特点决定了在平原湖泊湿地地区修建高等级公路,需要借鉴、移植区别于一般情况下公路地基处理的方法,在某些特殊地区,甚至要开发新的软基处理技术。在采用现有的软基处理技术的基础上,需要针对一些特殊情况进行研究,以保证处治方法的有效性和科学性。

湖泊湿地(或古湖泊湿地)形成沼泽性湿地软土或软弱土。修建在该路段的地基沉降量大,达到沉降稳定的时间较长,这不仅增加了工程成本,还极易造成运行期间的工程质量事故等问题。

与东部沿海平原地区广泛分布的软土不同,平原湖泊湿地地区的软弱土有其自身较为鲜明的特点,主要有两点:其一是主要分布在河流两岸的河漫滩淤积地区,其二为分布在古平原内陆湖泊边缘以及一些低洼地段,也就是常说的平原湿地。

　　由于湿地湖泊相软土的特殊性质——大孔隙比、低强度、高压缩性、低渗透性和软土变形的时效特性等,可能会使修建在软土地基上的建(构)筑物产生不可忽视的工后沉降,因此,进行微结构、蠕变试验研究与理论分析,研究软土的强度增长机理,探讨软土变形与时间之间的关系,对建于软土地基上工程的稳定性有重要意义。同时,软土特殊的结构性对蠕变特性的影响,目前尚未有可资利用的成果,因此加深对土的结构性的研究,充分了解其结构性的形成和复杂应力条件下的变形规律等可以为工程设计和计算提供可靠依据。

　　地基处理的效果能否达到预期的目的,首先依赖于地基处理方案选择的是否得当、各种加固参数设计的是否合理。地基处理方法虽然很多,但任何一种方法都不是万能的,都有其各自的使用范围和优缺点。一般说来,在选择确定地基处理方案以前,应综合考虑以下几个方面的因素:地质条件、结构物条件、环境条件、材料的供给情况、机械施工设备和机械条件、工程费用的高低和工期要求等。

　　公路工程地基处理的目的是利用夯实、置换、排水固结、加筋和热力学等方法对地基土进行加固,以改善地基土的剪切性、压缩性、振动性和特殊地基的特性,使之满足道路工程的要求。显然,对于交通量大、养护时间长的高等级公路,地基处理得恰当与否直接关系到工程质量、投资和进度。因此,地基处理对节约基本建设投资、保证公路正常运营具有重要意义。

　　由于在处理平原湿地软弱土地基方面的成功经验较少,也没有相应的成套监测技术,因此加强这方面的科学研究对于保证工程质量、加快施工进度、为本地区高等级公路建设积累宝贵的经验有着积极的意义。本书依托邢衡高速公路项目,对平原湖泊湿地形成的原因、地貌特征、土体的相关物理力学特点,以及采取针对不同的处置方案后地基沉降原理和相关的监测技术进行了详细的研究。

　　根据内陆湿地软弱土地基特点和实际情况,为满足工后沉降要求和路基稳定,对软弱土地基处理的各种方案的经济和技术指标进行比较。"对湿地湖泊相软土路基加固模型试验对比和研究"是一项综合性的研究工作,它通过多专业的研究配合,才能形成一个完整的研究成果。

1.2　排水固结数值模拟的研究现状

1.2.1　排水固结 FLAC³ᴰ 数值模拟研究现状

　　高速公路软土路基的变形机理研究及沉降控制与预测已成为高速公路建设中的主要技术问题,目前一般采用单向解析解(如基于压缩系数的分层总和法)以及二维数值解(如基于弹性力学平面问题的有限元计算),应用有限差分软件 FLAC³ᴰ 模拟软土路基沉降和预测相对较少。

　　郭丰永等根据京津塘高速公路工程地质条件和处理方法建立模型,运用现场试验所获得的软土的物理力学参数和 FLAC³ᴰ 程序对软土地基的变形进行了数值模拟,对地基沉降尤其是路基表面沉降进行了分析。为了缩短沉降固结的计算时间,采用等效渗透系数,模拟结果与实际基本一致。崔国柱详细介绍了采用 FLAC³ᴰ 模拟计算真空预压与真空堆载联合预压法加固吹填土的路基变形情况,对整个路基的沉降量以及工后沉降进行了分析并与实测数据进行对比,结果表明该模拟法与实测结果很接近,能很好地反映实际的沉降情况。余成华、李菊凤利用改进的剑桥模型,采用FLAC^{3D}有限差分软件,以珠江三角洲某高速公路试验段的地层数据进行袋装砂井排水固结法处理软土地基沉降过程的流固耦合模拟,通过模拟结果来对比实际检测的应力、应变情况。结果表明,表面沉降和分层沉降的模拟值与实测值能很好地吻合。赵建斌、申俊敏、董立山采用有限差分软件FLAC^{3D}对吹填土中设置夹砂层进行数值模拟,研究了夹砂层对吹填土固结沉降的作用机理,结果表明,夹砂层在吹填土中形成了水平向排水通道,可以提高吹填土在真空预压时的固结速度,增加固结沉降量,同时提出在夹砂层上下表面设置土工布的处理方法,有助于夹砂层在吹填土中的稳定成形,并起到限制吹填土不均匀沉降的作用。

1.2.2 离散元流固耦合模拟研究现状

1)离散元法简介

离散元法的思想起源于早期的分子动力学,1971年Cundall首先提出了离散元法,并提出了第一个实用的离散模型。1979年,Cundall和Strack在此基础上又提出了适合于土力学的离散元法,然后开发了二维的圆盘程序和三维的圆球程序,这些后来发展成了PFC^{2D}和PFC^{3D}。1980年,美国ITASCA公司开发了离散元程序UDEC并投放到市场,1988年,Cundall针对三维颗粒元又推出了3DEC程序。有了这些成果之后,离散元的理论体系大体形成,Cundall将其称为"Distinct Element Method",简称为"DEM"。同样是1988年,Walton用离散元分析了散体的流体并有所收获,Campbell提出了硬颗粒模型,而且用来研究了剪切流的理论。1989年,英国阿斯顿大学的Thornton引入了Cundall的TRUBAL程序,从颗粒接触模型的方法入手对程序进行了全面改造,形成了TRUBAL-Aston,后来定名为GRANULE。

我国的离散元研究起步较晚,但发展迅速。1986年,王泳嘉教授首先介绍了离散元的基本原理和一些应用实例。此后,离散元中的块体较多地应用于边坡、危岩和矿井稳定等问题的研究。东北大学开发了用于设计的离散元软件系统2DBlock和三维的软件TRUDEC。1991年,王泳嘉还编著了《离散元法及其在岩土力学中的应用》,书中对离散元的基本原理和应用方法都进行了详细的描述。我国有很多关于离散元的研究论文发表于各种力学工程期刊,其中《中国颗粒学报》成立于2003年,受到了众多国内学者的好评和青睐。

2)PFC^{2D}的应用

PFC^{2D}是离散元中唯一的二维颗粒流程序,也是本书中用来分析流固耦合问题的软件。国内外有很多学者都用PFC^{2D}进行过理论研究。法国在散体试验方面多数直接采用PFC^{2D}进行离散元分析;澳大利亚的新南威尔士大学艾冰研究中心采用PFC^{2D}进行了多方面的模拟。在国内,20世纪80年代,王泳嘉首先引入Cundall的离散元软件并将其应用于岩石力学和土颗粒的模拟。2000年,刘斯宏和卢廷浩用PFC^{2D}分析了单剪试验中的剪切机理,试验时以铝棒为材料做单剪试验,然后利用PFC^{2D}进行模拟,对于应力应变关系,两者基本吻合。这些都是离散元的研究实例,本书将应用PFC^{2D}对真空预压法进行模拟分析,从而更加深刻地认识真空预压法的微观机理。

3)流固耦合分析的发展现状

从流固耦合分析的发展过程来说,它最早的研究来源于岩体和流体之间的相互作用问题,是奥地利科学家太沙基对有关地面沉降的研究,内容是流体在一维的弹性孔隙介质当中流动时发生的固结作用。在研究中,太沙基提出了有效应力公式,就是著名的太沙基一维固结理论。这个公式直到现在还在流固耦合研究中发挥着重要作用。后来,比奥和太沙基又将研究范围推广到了三维固结问题,并给出了许多经典公式和算例,为后来的流固耦合理论研究奠定了基础。之后,学者 Zienkiewcz、Schreflerd 等人通过研究混合物的连续介质理论,在固结理论的基础上建立了控制方程。后来,Li 等人又考虑了固体和流体的压缩性和流体之间存在的压力,假设流体符合达西定律,推导出控制方程,并且讨论了流体和固体在非混溶状态下流固耦合问题的解法。

在国内研究中,董平川等人针对油井建立了流固耦合模型,将油层变形的问题描述为三维变形问题和流体在流动场的耦合问题,结论为:抽油的过程导致了地层孔隙水压力的下降,使得岩石骨架的有效应力增加,从而使油层产生了明显的垂直位移和水平位移,而且这些位移从数值上讲是不能忽视的。薛世峰建立了非混溶饱和下两相渗流与孔隙介质耦合作用的数学模型,得出了用耦合的方法建立的有限元计算格式,并对其中的流固耦合效应进行了分析。杨天鸿、唐春安等通过孔隙水压力作用下对岩石加载破坏的数值模拟,研究了孔压对岩石强度、破坏模式和应力—应变的影响,再现了在孔隙水压力作用下,岩石受压时的破坏过程和应力场与渗流场的演变。

1.2.3 排水固结 ABAQUS 数值模拟研究现状

罗彦峰尝试应用 ABAQUS 有限元软件进行塑料板排水法处理软土地基的固结沉降计算分析,并应用太沙基—伦杜立克固结理论,考虑了软土的黏弹塑性和渗透性,采用等效渗透系数法,建立平面应变模型进行计算。通过分析研究区域地基打设塑料排水板前后的竖向位移、侧向位移和孔隙水压力变化情况,以及与理论公式计算结果对比情况,同时进行了参数影响分析,说明了 ABAQUS 有限元软件计算地基沉降的有效性。高晖采用 Duncan-Chang 模型,基于 ABAQUS 的二次开发成果对京珠高速公路广珠段软基堆载预压的沉降进行数值模拟,取得了令人满意的分析结果。付天宇在深入分析真空预压加固机理及地基强度增长理论的基础上,对真空预压与堆载预压地基土体的抗剪强度增长差别进行分析,在堆载预压抗剪强度计算公式的基础上推导出负压条件下的真空预压地基抗剪强度计算公式。王艳(2007 年)结合工程的现场实测数据,采用大型通用有限元程序 ABAQUS,进行二维固结有限元分析。同时利用 ABAQUS 程序,模拟真实的加载过程,改变固结系数、排水板的打设深度、间距、真空度等因素,分析其对真空预压变形的影响,进而提出了提高真空预压加固效果的措施和减少真空预压加固地基对周围建筑物影响的措施。刘华采用等效砂墙地基法,以某软基加固工程为算例,用 ABAQUS 软件对真空预压加固软基中的负压分布及竖向与水平位移的影响范围进行有限元分析,得到了如下结论:地基的沉降和侧移变形的发展趋势及真空度的分布规律与实际情况是一致的,即真空区内的土体变形主要是收缩变形,真空区以外以垂直向收缩而水平向伸长的剪切变形为主,与真空排水预压法的加固机理是一致的。白金勇以快速提高新近吹填软土的强度为目的,提出适用于吹填软泥的真空预压加固新工艺,并通过现场试验对工艺进行改进。

通过 ABAQUS 大型有限元软件建立数值模型,对真空预压新工艺进行有限元分析,考虑了渗透系数的变化及真空度随深度的衰减对加固效果的影响。阮昆结合连云港地区某吹填陆域软基处理工程的实际情况,通过现场测量获取孔隙压力、沉降位移等相关加固效果的实测数据;再通过有限元软件 ABAQUS 对真空预压过程进行模拟,对比分析研究不同施工条件下的加固效果,进而确定了影响真空预压法加固效果的因素以及加固效果随影响因素变化的规律。

1.3　排水固结离心机试验研究现状

1.3.1　国外离心机发展现状

1869 年,法国人 Phillips 从弹性体平衡微分方程中推出了满足原型与模型的相似关系,建议对当时横跨英吉利海峡的钢桥用离心试验进行验证,但限制于当时的条件未能实现。而在此后的 60 多年时间中,离心模型试验的研究一直停留在理论层面,在实际工程中无人使用。直到 1931 年,在 Philip Bucky 的一篇论文中才首次提出了用离心模型试验模拟实际工程,苏联莫斯科水利设计院在 1932 年建造了全世界第一台土工离心机。

1932 年,苏联首次进行了土工离心模型试验,并发表了俄语论文,直到 1936 年在第一届国际土力学和基础工程学术会议上才出现了第一篇有关离心试验的英文文献,这一时期,苏联在离心模型试验的研究中一直处于领先地位。

20 世纪 60、70 年代,土工离心试验进入了一个崭新的发展时期,日本和英国也开始广泛地研究土工离心机在工程实际或者土工课题中的应用。70 年代,英国建立了三个土工离心试验中心,其中剑桥大学做了大量的相关试验,取得了大量的研究成果,并推动了土工离心试验在国际范围内的发展。日本也在此时期建造了大量的土工离心机实验室。

在第二届土力学和基础工程学术会议之后,随着技术与试验水平的迅速发展,离心试验技术委员会也诞生了,并举行了大量的国际学术会议。

1.3.2　国内离心机发展现状

早在 20 世纪 50 年代,中国岩土界在苏联学术界的影响下开始对离心机在土工试验中的应用有所认识;60 年代,郑人龙已经翻译了不少苏联的相关文献。长江科学院曾在 1957 年提出建立一台大型的水利工程综合应用的离心机,并进行了可行性研究。在苏联专家的协助下,于 1958 年完成了整体设计,但最终未能实现。到 60 年代后期,为研究核能和航空航天技术,有关部门设计制造了几台大尺寸离心机,都为训练飞行人员和检验设备所用。

真正着手于土工离心模拟试验是 20 世纪 80 年代初在黄文熙教授的倡导下开始的。1980 年黄文熙教授访问了英国剑桥大学和曼彻斯特大学;1981 年水利电力部又派朱维新等 5 人考察了日本港湾技术研究所在 1980 年建成的当时日本最大的离心机;美国加州大学的 K. Arulanandan、沈智刚以及英国的 Schofield 先后于 1980 年及 1983 年来华讲学,介绍了离心模拟技术。南京水利科学研究院与华东水利学院率先开展了土工离心模型试验工程应用研究,并于 1982 年进行了国内首次土工离心模型试验。但当时的试验大都是将光弹离心机加以改装而后进行的。长江科学院从 1984 年开始着手土工离心模型试验设备的设计和研制,1985 年开始应用于解决工程问题,并将试验结果、土力学的数值分析和现场的原型观测相结合,对工程问题进行分析。为确定我国建造大型土工离心机的必要性和可行性,水利电力部 1984 年再次派出黄文熙、朱维新等 5 人赴美考察美国大学和一些土工试验研究机关的设备与科研动向,并于 1984 年 11 月正式提出"关于建造土拱大型离心机的必要性与可行性报告"。经同行专家评议,一致建议先建一台半径 5m,容量 400gt 具有模拟地震功能的大型离心机。国家"七五"科技攻关期间,由中国水利水电科学研究院承担建造。之后,相继由长江科学院、河海大学、上海铁道学院(今同济大学沪西校区)逐步建立了自己的离心机并进行了大量的土工模型试验研究。1987 年首届全国离心模拟技术学术讨论会在武汉召开,提交会议交流的有 21 篇论文,但是仅限于比较简单的路堤路基和码头的小型试验。试验目的比较单一,主要用于模拟现场特征情况,指导设计研究与项目评价;测量设备比较简单,可用数据信息有限。许多专门技术问题,如动态水、动态加料等技术还未解决。

如果说 20 世纪 80 年代中国土工离心模型试验研究是三足鼎立(南京水利科学研究院、长江科学院、中国水利水电科学研究院)的时代,那么 90 年代更多的科研设计单位和科研人员加入土工离心模拟试验技术的研究和应用行列,则打破了这种局面。河海大学俞仲泉、施建勇从土工织物加筋的离心模型试验、有限元分析法和实际工程应用研究其加筋机理,并与南京水利科学研究院朱维新就"土工织物加固地基的离心模型试验"分别撰文探讨。成都科技大学(今四川大学)以张利民、胡定为主,对各种离心模拟技术进行了研究,在仪器设备发展上也有一定的贡献。他们在 1989 年研制出了离心机专用加水和排水设备,并成功应用于瀑布沟高土石坝在施工完毕、水库蓄水、稳定渗流和水位骤降四种工况下的离心模拟试验;之后又研制出离心试验加荷设备、模型参数量测设备,成功地进行了多次桩基原型性能试验。此外,在模型理论以及岩土本构关系方面,也做了研究探讨。以杜建成、张利民为主要的四川联合大学(今四川大学)研究团队,在前期科研工作基础上,对黄土路基的湿化特性、斜坡高路堤的稳定及变形和黄土强度特性进行了离心模型试验研究。为了对土石坝及防渗墙设计进行论证,成都勘测设计研究院利用土工离心机,先后对铜街子和瀑布沟土石坝及防渗墙工程进行离心模型试验,并与数值计算及混凝土结构模型试验结果对比分析,取得了满意的结果。1988 年 4 月在巴黎召开的国际土工离心模型试验研究学术会议上,成都勘测设计研究院刘麟德和唐剑虹的《巨型离心机用于土工试验研究》及《深厚覆盖层坝基建土石坝及混凝土防渗墙离心模型试验研究》两篇论文被会议论文集所收录。他们还对土石坝材料的粒径效应进行了离心模拟试验研究。上海铁道学院于 1988 年建成 L-30 型土工离心机,以张师德为代表的研究团队,以上海软弱土为主要研究对象,进行了大量的离心模型试验研究,如加筋土地基、软土地基上结构物的稳定性和变形、基坑侧向土压力、土工离心模拟试验的应变分析研究以及饱和软黏土模型的拟合制作等研究。

1991 年 6 月在上海铁道学院举行第二届全国离心模拟试验技术学术讨论会,是对中国在该项技术发展的一次检阅。会议提交论文 23 篇,内容涉及设备研制、测量技术、工程应用或专题研究。工程应用包括土石坝、地下支挡结构、路堤、码头、土工合成材料复合地基、地质力学模型等方面的问题。关于土力学的专题研究,则有土压力、固结理论、加筋无黏性陡坡计算等。同时还有一些研究工作,如土石混合体边坡、海洋采油平台、地下连续墙、土工织物软基加固等多类型的新课题也在进行。上述土工离心模型试验技术成果在工程中起到良好作用,对某些工程设计计算方法有一定改进,并对土力学的理论课题有进一步的认识。

20世纪90年代,土工离心模拟试验技术在我国得到广泛的推广应用,新技术研究和应用领域,以及基础理论研究范围不断拓展,如不稳定边坡的工程处理、边坡稳定性的震动响应、地下水作用对边坡稳定性的影响、天然滑坡稳定研究及工程处理、地下洞室应力变形稳定研究、建筑物和岩石基础联合受力的强度储备、类似混凝土面板堆石坝复合结构等研究方向。

南京水利科学研究院在国内最先开展正、逆断层的模拟技术研究,先后研制了切断器式正断层发生器、爆破式逆断层发生器以及机械式正断层发生器。在高速旋转的重力场中,真实再现土石坝分层分期的施工过程非常困难。根据相似理论,南京水利科学研究院提出了用控制离心加速度来模拟坝体升高并按原型方式叠加模型变形的方法,得出坝体变形分布与实际相符,且最大值也基本合理。该方法的提出,不仅对土石坝的模拟有直接的意义,对分析其他类型的离心模拟试验成果也有一定的指导意义。南京水利科学研究院还研制出土工离心模型填料装置网,可模拟堤坝分层填筑过程。尽管存在填铺的几何形状、密度控制、填土应力条件、黏性材料、传感器埋设等问题,但在模拟较矮小的堤坝时仍具有一定的优越性。

长江科学院首次将离心模型试验技术应用于岩石边坡应力应变和稳定性以及边坡不连续面构造部位破坏机理研究。长江科学院还做了土工织物加固地基的离心模型试验,验证地基在施工过程中的稳定性,并进行了加筋软基承载力的计算方法研究和验证。土石坝的离心模型试验是离心试验技术中比较难的项目之一,长江科学院针对土石坝的离心模型试验,对模型断面ICI设计、粗粒材料的模拟问题、混凝土防渗墙及其他混凝土构件的模拟问题、模型的加水和加荷技术以及内测信息采集技术进行了研究探讨。

中国水利水电科学研究院杜延龄从半无限地基自重应力模拟和基本控制方程、能量方程相似以及量纲分析等方面论证了离心模拟的相似性,并对离心模拟的固有误差作了深入系统的分析。中国水科院同样对软基处理进行了离心模型试验研究,系统分析了深厚软基采用碎石振冲置换后筑坝的变形性状,并通过不同振冲置换量对比分析,优化得出经济合理的方案。汪小刚、张建红等利用离心机模拟块状岩体的倾倒过程,并进行了(锚索加固)工程的离心模型试验。

成都科技大学的张祥康首次将地下洞穴坍塌机理的土工离心模型试验介绍到国内,而吴子树、张利民、胡定等进行了国内首次土洞研究的离心模型试验。结合理论分析及实地调查,综合研究了土拱效应的形成机理及存在机理,分析了土中成拱洞室的稳定性,推导出土洞的上覆土厚度及相应的最大跨径公式,对土拱效应的利用有着重要的指导意义。长沙矿山研究所的周止镰、王维德进行了我国最早的土工离心动力模型试验,用安装在离心机框架上的冲击器冲击模型模拟爆破荷载,以评估爆破和地震荷载对矿柱回采中胶结充填体的影响。水利部大坝安全监测中心对水库蓄水时黄土的湿陷和渗流作用进行了离心模型试验,结合原测、渗流模拟试验、有限元计算和现场检查,对其提出的悬坝渗流分析理论公式进行检验。河海大学施建勇提出了离心试验中的固结问题并求出其解答,相应的研究成果对黏土特性研究有重要的意义。

在理论和背景研究中,有长江科学院的龚召熊及岳登明就"用离心机研究强度储备"分别撰文进行探讨;铁二院唐志成、中国科学院岩土研究所陈丛新、长江科学院包承纲等对离心模型试验误差的探索,并针对性地提出一些解决方法和对策;南京水利科学研究院徐光明、章为民对离心模型中的粒径效应和边界效应进行了研究;上海铁道大学郭昭、王景铭等对离心模拟试验进行应变分析,并提出了一种实测位移—应变—应力的反分析途径等。

离心机配套设备的研究涉及水流控制、桩的加载设备和填料装置等,但主要还是集中于数据采集与监测系统的研究。数据传输多采用数字信号传输方式,非接触式的光纤滑环、无线电地区网络(LANs)已在土工离心模型试验中得到应用。但大多数离心机的传输通道基本上都是接触式滑环进行传输。滑环数据传输时产生的间断跳跃以及滑环周围的强电干扰都严重影响了试验水平的提高。变形量测可采用云纹照相、高速摄像或外部位移量测的位移传感器,非接触的激光位移计(精度可达 $2\mu m$)也已在土工离心模型试验中应用。模型内部位移测量仍然是难点之一,一般采用外部可测点进行反分析。总之,整体来说,离心机数据采集与监测系统数字化水平仍然较低,量测技术不够成熟,离心模拟定量化较难。

20 世纪 90 年代,土工离心模拟实验技术在中国得到广泛应用,更多的科研设计单位加入到土工离心机模拟技术的研究和应用中;而且,随着计算机在岩土工程中的迅速普及应用,土工离心模型试验技术也取得了长足进展,应用领域也得到了进一步的扩大,不仅有一般的土工问题如边坡、地基、土压力、海洋工程、隧道工程,而且有渗流、地震、爆破和模拟大地构造等领域的内容。模拟技术上,包括岩石边坡及治理工程中、类似混凝土面板堆石坝复合结构研究、结构—岩土相互作用、地下洞室的应力和变形稳定性研究、动力模型试验等。然而,相对国外的发展来说,应用研究领域还有待拓展,模拟技术一般比较简单,不能贴切地表现原型的状况,并且基础理论的研究也较少。

20 世纪 90 年代以来,离心模拟技术在岩土工程各领域得到普遍的认可及发展,土工离心机的数量及尺寸不断增加,应用领域也不断扩大。西南交通大学运用离心模型试验技术,开展了散粒体沙堆模型试验,分析了散粒体斜坡崩滑地质灾害的自组织临界性现象和地震诱发作用下散粒体斜坡崩滑失稳的模式与规律。清华大学在国内首次进行了环境岩土力学和运移过程研究,利用土工离心机进行了非水相流体污染物、重金属离子等在非饱和土中迁移的模拟,研究污染物的迁移机理及其对地下水的影响,同时也研究了土性对污染物迁移机理的影响,为选取合适的清污技术提供了依据。岩土及结构的地震动力响应,如地基的地震反应,混凝土面板堆石坝的地震反应,结构—岩土相互作用的动态响应,黄土震陷性研究,边坡及其处治措施的地震响应特征,砂土液化等,是最近 10 年来我国土工离心模型试验的研究热点。随着城市基础建设的不断发展,地铁隧道施工及其相关问题如隧道结构的受力及变形特征,隧道开挖对地表及建筑物影响的研究与分析,软土的成拱能力等越来越突出,对此的研究也越来越多。2001 年,世界上最大、最先进的土工离心机之一在香港科技大学正式完工,研制出世界上第一台双向振动台,安装了先进的 4 轴向机械手,并配备了精确的数据采集和控制系统。先后在这台土工离心机上进行了船舶撞击桥桩、松散填土的潜在静态液化机理、土钉加固边坡的效果、浅表层松散填土边坡稳定性等研究。

岩土及结构的地震动力响应是最近 10 年来我国土工离心模型试验的研究热点。在进行地震、爆破等研究时,需要把土工模型置于离心场的同时,再耦合一定频率的振动,能提供该振动的是放置于工作吊篮的离心振动台。除香港科技大学外,我国已建立的 3 套土工离心振动台[清华大学(2001 年)、南京水利科学研究院(2004 年)、同济大学(2006 年)]均停留在一维水平,振动能力较小,精度不高。目前,浙江大学和中国水利水电科学研究院的振动台正处于研制阶段。中国水利水电科学研究院的振动台将可能成为我国首台可在水平和垂直方向同时振动的水平垂直 2D 振动台。

凭借拥有数量最多的土工离心机(1998 年有 37 台,其中建筑承包商和咨询设计公司占 25%;国家研究机构占 25%),日本成为世界上土工离心模拟技术应用最成熟的国家,这不仅提高了建筑施工技术,通过试验验证的创新性设计,也极具国际竞争力。我国的土工离心机都集中在高校和国家科研设计单位,目前共拥有土工离心机 14 台,同时长沙理工大学、浙江大学和成都理工大学正在建造各自的土工离心机。在增加土工离心机数量的同时,也应该加大现有离心机的利用率,提高工作性能,加强对先进模拟技术的研究。我国的一些私人机构和公司也开始接受这项技术,进行了一系列的工程研究,如边坡破坏机理试验、加筋土挡土墙、储灰场灰渣沉积特点及深埋管道上覆土压力的变化规律、水库土工防渗膜、隧道施工及其相关问题、桥涵及回填、基础承载力及固结沉降和基坑工程等,得到了对工程实践有意义的一些结论和建议。但总体来说,应用领域较窄,研究深度不够,并多是依托高校或科研单位的研究团队完成。

我国土工离心模拟实验技术就其应用类型而言,大致有如下四类:

(1)原型的模拟。这是最常用的方法,用来预测和验证工程的工作状态,尤其适用于地震和降雨导致边坡破坏,以及近海石油勘探中,风荷或浪涌作用下桩的特性研究。在很多场合,对工程结构做原位试验以验证其安全性是极为困难的,如高土石坝性态预测、深水结构及近海桩结构的安全性评定等。在我国已用土工离心机完成了挡土墙与岩土—结构相互作用、埋入式结构与地下开挖、基础承载力及稳定性、动力响应、环境岩土力学与土的运移过程等方面的设计研究工作。由材料试验、数值计算和反馈分析向结构设计与离心试验并举,是未来岩土工程设计的发展趋势。

(2)新现象和新理论的研究。离心模拟技术已经成功应用于研究如大地构造、土的液化、污染物运移、渗流等各种难解的现象,它们所用的材料与原型材料没有相似的关系。

(3)参数研究。参数研究也是应用很广的一个方面,因为它是比较容易和比较可靠的测定方法。一般来说,在实际测试和参数变化试验之前,必须设计一个测试试验,通过改变模型参数(如几何性状、荷载、边界条件、降水强度或土的类型等)可以获得测试结果对各参数变化的敏感度及关键参数,从而指导工程设计。

(4)数值分析成果验证。无论是数值模拟还是物理模拟,都必须进行条件简化及假设。很多情况下,数值模拟仍然限于二维模拟。而土工离心模拟则不存在这些问题,相反,其模拟三维问题比二维平面应变问题更简单。数值分析的精度不仅取决于所用的材料模型,也取决于参数的选取。通常,模型参数可能不具备任何物理意义或者通过试验手段难以确定,由此得出的模拟结果和基于此的工程设计必然会存在争议。例如,对于离岸石油钻井平台的升降式或铲罐式钻油台受竖向、横向和弯矩荷载的作用,数值模拟的效果并不理想,应力条件和参数已知的离心模拟试验就成为校正数值分析最可靠的手段,如表1-1、表1-2所示。

我国土工离心机振动台主要技术指标 表1-1

项目 单位	时间 (年)	负荷 (N)	最大离心加速度(g)	最大振动加速度(g)	最大振动频率(Hz)	最大振幅 (mm)	振动时间 (s)	台面尺寸 (mm×mm)	激振力 (N)	备注
清华大学	2001	1000	50	20	10~250	10	2~4	400×600	300	单向
南京水利科学研究院	2004	2000	100	15	100	0.5	2	700×500	200	单向
同济大学	2006	1800	50	20	300	10	1~2	700×600	—	单向
香港科技大学	2001	3000	75	40	0~350	3	2	600×600	350	2D水平
浙江大学	建设中	5000	150	40	10~200	3	3	900×800	—	单向
中国水科院	建设中	4000	120	30/20	400	10	3	1000×700	—	2D水平+垂直

我国主要离心机及主要技术性能指标 表1-2

单 位	建成时间 (年)	有效半径 (m)	最大加速度(g)	模 型 规 模	最大荷载 (N)	容量 (gt)	备 注
中航511厂	1960	6.5	80	动力145kW D.C	8000	140	飞机工业
第七机械工业部	—	1.7	80	动力5kW	200	—	飞机工业
第二机械工业部	1969	10.8	70	(直径×高度)0.98m×0.88m	20000	140	飞机工业及模拟飞行器
中国工程物理研究院第四研究所	1968	10.8	90	(长×宽×高)0.92m×0.3m×0.67m	24000	216	飞机工业及模拟飞行器
	1985	10.8	110	0.92m×0.67m×0.3m	30000	330	主要为军品需求
国防科工委507所	—	10	25	—	50000	125	模拟飞行器
海河大学	—	2.4	250	0.48m×0.28m×0.15m	1000	10	
南京水利科学研究院	1982	2.4	250	0.9m×0.16m×0.35m	1000	25	
	1982	2.5	300	0.5m×0.3m×0.15m 0.45m×0.2m×0.3m	1000	20 30	
	1988	2.1	250	0.7m×0.35m×0.5m 0.52m×0.4m×0.6m	2000	50	
	1992	5.0	200	1.1m×1.1m×1.1m	20000	400	

续上表

单 位	建成时间 (年)	有效半径 (m)	最大加 速度(g)	模 型 规 模	最大荷载 (N)	容量 (gt)	备 注
长江科学院	1983	3	300	1.1m×0.33m×0.5m	5000	150	
	1983	3	300	1.1m×0.21m×0.5m	6000	180	
	1985	3	300	0.76m×0.3m×0.41m	10000	300	
成都勘探设计院	—	5	200	—	10000	200	
上海铁道学院	1987	1.55	200	0.48m×0.24m×0.32m	1000	20	
四川联合大学	1990	1.5	250	0.48m×0.31m×0.3m	1000	25	
四川大学	1991	1.54	250	0.6m×0.4m×0.4m	1000	25	
中国水利水电科学 研究院	1993	4	300	1.5m×1.0m×1.5m	15000	450	
清华大学	1993	2	200	0.75m×0.5m×0.6m	2500	50	
香港科技大学	1997	4.5	150	1.5m×1.5m×1.0	26700	400	
西南交通大学	2002	2.7	200	0.6m×0.4m×0.4m	5000	100	
重庆交通大学	2005	2	200	0.7m×0.6m×0.4m	3000	60	
长安大学	2005	2	200	0.6m×0.36m×0.5m	3000	60	
同济大学	2005	3	200	0.7m×0.7m×0.9m	7500	150	

1.4 本书研究内容和技术路线

1.4.1 研究内容

结合当前的研究现状和存在的问题,本书拟在邢衡高速公路衡水试验段实际工程的背景下,通过 FLAC^{3D}数值模拟、离心模型试验、PFC^{2D}离散元模拟和 ABAQUS 有限元模拟等多种手段,对排水固结处理湿地湖泊相软土进行了研究。主要的研究内容可重点归纳如下:

(1)分析水泥土搅拌桩、真空堆载联合预压、堆载预压和砂井堆载预压四种软土路基处理方法的沉降计算,并进行路基沉降的估算。

(2)通过 FLAC^{3D}数值分析软件对水泥土搅拌桩处理软土路基进行数值模拟,并从桩土应力比、路基加固区沉降、路基下卧层沉降和桩体压缩量等方面进行分析;通过 FLAC^{3D}数值分析软件对真空堆载联合预压处理软土路基进行数值模拟,并与实测值进行对比分析。从孔隙水压力、路基表面沉降和分层沉降等方面进行分析;采用 FLAC^{3D}数值分析软件对上述两种方法处理的软土路基工后沉降进行模拟计算,并对工后沉降进行对比分析。

（3）介绍了离心模型试验的基本原理，在试验过程中模型的相关比例尺的关系，以及使离心模型试验产生误差的主要因素及试验本身存在的问题。

（4）介绍了水泥搅拌桩离心模型的设计、模型的制作以及离心固结的试验步骤和试验过程。在试验结束后对试验结果进行分析，分析了路基模型在施工阶段和工后预压阶段的沉降及土压力的变化情况。

（5）介绍了真空堆载联合预压的离心模型的设计、模型的制作以及离心固结的试验步骤和试验过程。在试验结束后对试验结果进行分析，分析了路基模型在施工阶段和工后预压阶段的沉降及土压力的变化情况。

（6）专门对水泥搅拌桩离心试验和真空堆载联合预压离心试验的最终试验结果进行了对比分析，主要对比了沉降、土压力、分层沉降和含水率的变化情况。此外，在本书中还对两种试验的试验方案和试验过程作了介绍，并且对试验中的数据包括沉降量、孔隙水压力和土的有效应力作了计算和比较。

（7）本书的实测值包括现场的沉降、孔隙水压力、离心机试验的沉降及土的有效应力。本书将以此为依据，对现场工程和离心机试验的加固效果作出评价，并且针对不同土层的加固效果作分析。

（8）软土路基的处理过程本质上是流固耦合的过程，本书将从流固耦合的角度出发，运用离散元分析真空堆载联合预压法中流固耦合过程的方法和结果。

（9）在工程建设过程中存在两种施工方法，排水板间距分别是 2.6m 和 1.3m。最终现场工程和离心机试验都是按照 2.6m 的情况进行的，书中将采用离散元方法对这两种不同情况的离心机试验进行模拟，分析其中水和土的运动规律，并通过相关测量值比较两种情况的不同。

（10）有了离心机试验的模拟结果，对继续对现场工程进行模拟，同样分析其中水和土的运动规律，并且通过相关测量对模拟效果进行评价。

（11）有了离心机试验和现场工程的模拟值，再结合之前的实测值，来进一步分析试验和现场工程中水和土的变化规律，从更微观的角度解释两种条件下路基不同的沉降过程。

（12）首先整理全部的排水固结法加固软土路基的工程资料，整理出全部采用堆载预压法和排水预压法的路段资料及设计沉降，然后分别对不同加固方法的全部路段进行回归分析，以路堤填高和施工阶段设计沉降量为横纵坐标，根据各路段形成的坐标点与回归曲线的偏离程度，选择需要分析的路段，作为相应软基加固方法的代表性路段。

（13）对这些代表性路段进行 ABAQUS 有限元数值模拟，对路基加固过程中的分层沉降、断面沉降、水平位移、超孔隙水压压力等指标进行分析，深入研究排水固结法对湖泊相软土的加固效果和加固机理，确定影响加固效果的因素，明确各类型地质条件所应采用的加固方法，分析出针对不同类型地基合理的预压时间。

（14）最后结合二期推广应用中相应路段排水固结法加固路基的实际监测结果，对数值模拟的结果进行验证，检验路基数值模型的正确性，分析出现误差的原因。

1.4.2　技术路线

技术路线如图 1-1 所示。

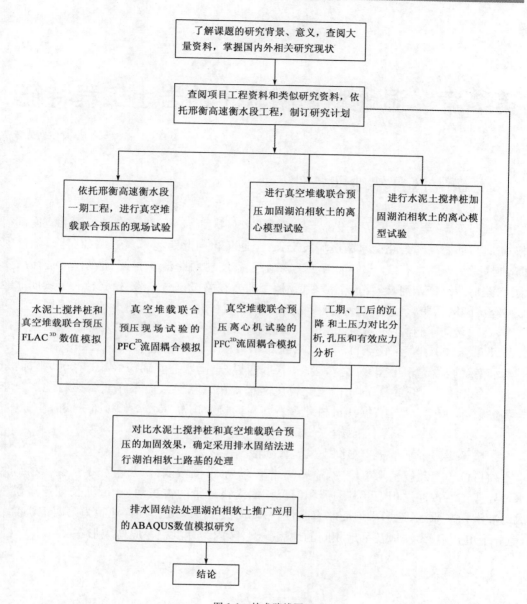

图 1-1 技术路线图

第 2 章 湿地湖泊相软土的岩土工程特征

2.1 研究区自然地理条件

枣园(邢衡界)至衡水北互通段位于东经 115°25′11″、北纬 37°28′49″,地处河北省南部衡水境内,向北与邢衡高速公路衡水南绕城段交叉(互通),再向北跨越邯黄铁路(在建),经徐家庄乡西,在庄子头西跨郑昔线(S393)(互通),在东王家庄村西跨滏东排河、滏阳新河,在后张家庄、漫水洼村西跨滏阳河,经官道李镇东(预留互通),在骆王口村东跨赵码公路,继续向北经赵圈循环经济园区西跨人民路(互通),转向东北,在东石村北下穿石济客运专线(规划),上跨石德铁路,路线转向东行,在贡家庄北跨京九铁路。向东经张官堡村北,在大麻森乡南接大广高速公路(K53+500,坐标:东经 115°41′23″,北纬 37°47′12″),曲线全长 53.532km。

衡水南绕城段起于枣园乡北侧,接枣园(邢衡界)至衡水北互通段(ZK0+000,坐标:东经 115°25′55″,北纬 37°29′29″),向东南至北曹庄南跨 G106(互通),向东在北午照村北跨冀李公路与冀午渠,向东经赵家园、振江口村北和晋江村南接大广高速公路(ZK16+885,坐标:东经 115°37′05″,北纬 37°27′55″),路线全长 16.964km。

沿线属于暖温带半干旱半湿润季风型大陆性气候区。

本项目位于河北省衡水市境内,途经冀州市、衡水市桃城区、深州市和枣强县。项目区域衡水地处滹沱河古冲洪积扇及其与滏阳河沉积的交错地带的古黄河、古漳河长期泛滥淤积而形成的冲洪积平原区,地形平坦而略有起伏,平均海拔 15~45m。现存地貌为第四纪松散沉积物,地势平坦开阔,为洼地及平地相间的地貌类型,区内为冲洪积平原地貌形态。

2.1.1 气象、水文

1)气象气候特点

本地区气象气候特点是干旱同季、雨热同期、四季分明。春季干旱多风,夏季炎热多雨,秋季晴朗气爽,冬季寒冷干燥,全年干湿季节变化明显,四季分明。年平均气温 13.2℃。极端最高气温 42.7℃,多出现在六月份;极端最低气温-23.6℃,多出现在一月份;最热月份为七月份,平均气温 26.8℃;气温最低月份为一月份,平均气温-2.6℃。年平均温差为 29.4℃。最大冻深 53cm,无霜期约 210d。

本地区年平均降水量 543mm,年内分配不均匀,年际变化较大。全年降水量集中在 6~9月份,降水量约为 400mm,占全年降水量的 74%;7~8 月份降水量最大,为 293mm,占全年降水量的 54%。区域内适于农作物的生长,但也有旱涝、暴雨、冰雹、干热风和霜冻等自然灾害,对农业生产危害较大。本区冬季受内蒙古高压气流影响,冬季多西北风,春秋多西南风,经常出现 7～8 级大风,年平均风速约 3.3m/s。

2)河流水文

衡水市境内河流均属海河流域,有 9 条主要河流,由西南向东北流过。本项目与众多河流相交,主要河流有滏东排河、滏阳新河及滏阳河,均为季节性河流。路线从衡水湖西侧附近经过。

项目区域内的地表水主要来源于大气降水。区内年降雨量分布不均匀,雨季(7～9 月)降雨量占全年降雨量的 70%～80% 以上,且各河道上陡下缓,源短流急,导致区内的河流具有汛期洪水暴涨暴落、枯水季节径流很小甚至断流的特点。

(1)滏阳河。滏阳河历史悠久,为禹贡所称九河之一,初名滏水,古为入漳河支流。

滏阳河发源于邯郸市峰峰矿区,其源有二:北源出于矿区滏山南麓,南源出于矿区神麋山龙洞泉,两支汇于临水镇,经东武仕水库后趋东南绕磁县城南流向东北,经邯郸市区、永年县、曲周县、平乡县、任县、隆尧县、宁晋县和新河县,在新河县的郁宋张砖村入衡水市的冀州市,向东北经桃城区、武邑县、武强县,在庞疃村以下如沧州市的献县,在东贾庄桥北与滹沱河汇流,经献县枢纽入子牙河和子牙新河。滏阳河干流长 518km,流域面积 26300km²,自冀州市南枣园村入衡水市,至武强县庞疃村出衡水市东入沧州市,境内段长 135.7km,流域面积 26300km²,河道纵坡 1/38000～1/9800,河底高程 7～19.5m,河底宽 13～25m,堤顶高程 19.5～26.5m,两堤间距 150～700m,流量 200～250m³/s。

滏阳河在 1965 年以前,长年径流,一年三季通航,沿岸水上运输比较方便,商业较为发达。后因上游盲目发展灌溉,来水日少,航运遂被陆运取代。滏阳河流经邢衡高速,邢衡高速公路衡水段滏阳河特大桥跨滏阳河中心桩号 K19+819。

(2)滏阳新河。滏阳新河属海河排涝工程,1965～1968 年为解决 1963 年洪水危害而开挖的,是"根治海河"工程的一个重要组成部分。河道全长 133.7km(衡水境内长 89km),控制面积 14420km²。该河上口起自邢台地区宁晋县的艾辛枢纽,左右两堤分别于宁晋泊的北围堤和东围堤相接。左堤自宁晋泊小河口北堤起,下至沧州地区的献县贾庄桥。右堤自艾辛庄宁晋泊东堤起,至献县枢纽全长 129km(衡水地区境内长 86.19km),堤顶宽 8m,堤内坡上部为 1:3,下部为 1:5,堤脚有 10m 宽平台,外坡 1:3,堤顶高程为 18.5～32.10m,地面高程为 12.57～24.7m,堤高一般为 5.5m,两堤间距为 1.2～1.5km(千顷洼段为 2km)。设计行洪能力为 3340m³/s,校核流量为 6700m³/s。其深槽底宽 11～23m,河底高程为 7～19.7m,边坡 1:4(衡水湖段 1:7),设计水深 6m,纵坡为 1/16000～1/10000,设计行洪能力为 250m³/s。滏阳新河控制面积,在辛庄枢纽以上为 14420km²,两堤之间的面积为 195km²。滏阳新河流经邢衡高速,邢衡高速公路衡水段滏阳新河特大桥跨滏阳新河中心桩号 K14+727。

(3)滏东排河。滏东排河是根治海河工程的一部分,修建于 1967～1968 年修筑滏阳新河右堤的同时,作为大堤取土区,挖成该河(图 2-1)。1976～1980 年又进行了扩挖。该河流经衡水地区地段全长 87km,流域面积 2020km²。扩建后的河道底宽 50～73m,河底高程为 7.48～19.26m,边坡 1:4,糙率 0.0225;左岸弃土,满足滏阳新河右堤培堤要求,一般低于堤顶 0.2～2.0m;右岸弃土高于地面 3.0m,高于河底 10m;两岸滩地各留 30m,设计水深 6m,设计流量

432～540m³/s。滏东排河流经邢衡高速,邢衡高速公路衡水段滏阳新河特大桥跨滏东排河中心桩号 K13+920。

图 2-1   滏东排河河岸地貌

(4)衡水湖。衡水湖是位于冀州和衡水市之间的一片自然洼地,旧称"千顷洼",自 1958 年筑堤建闸蓄水后始改称衡水湖。衡水湖区南北长 20km,东西平均宽 6km 左右,总面积 120km²。洼底高程东部平均 18.0m,最低处 17.5m 左右,西部平均 19.0m,周边地面高程 22.5～23.0m,深 3～4m。吴工渠从中部穿过,为南北偏东方向,经老龙头闸(在今衡水市杜村)与滏阳河相通。洼底及沿岸均为黏质土,渗透性很小,是一个天然的适于蓄水的洼地。未建蓄水工程以前,洼内有耕地 71547 亩。

千顷洼是衡水湖的主体,最低处海拔 17m 左右,比周围低 4～5m。衡水湖临近邢衡高速,位于邢衡高速公路衡水段桩号 K11 东约 8km,距离高速公路较远。

2.1.2   地形地貌

衡水市地处滹沱河古冲洪积扇及其与滏阳河沉积的交错地带古黄河、古漳河长期泛滥淤积而形成的冲洪积平原区(Ⅲ),地形平坦而略有起伏,平均海拔 15～45m。现存地貌为第四纪松散沉积物,地势平坦开阔,洼地及平地相间的地貌类型,区内为冲洪积平原地貌形态。该区典型地貌如图 2-1 所示。拟建邢衡高速公路衡水段枣园(邢衡界)至衡水北互通段和衡水南绕城段跨越新冲洪积平原亚区(Ⅲ₂)、冲积平原亚区(Ⅲ₃)两个亚区,以及扇上平地或缓斜地小区(Ⅲ₂₋₂)、扇上或扇间洼地小区(Ⅲ₂₋₃)、古河道高地或微高地小区(Ⅲ₃₋₁)、泛滥坡地平小区(Ⅲ₃₋₂)、泛滥洼地小区(Ⅲ₃₋₃)五个小区,区域地貌图见图 2-2。如图所示,拟建路线经过全新世、晚更新世的冲积扇、古河道地带。

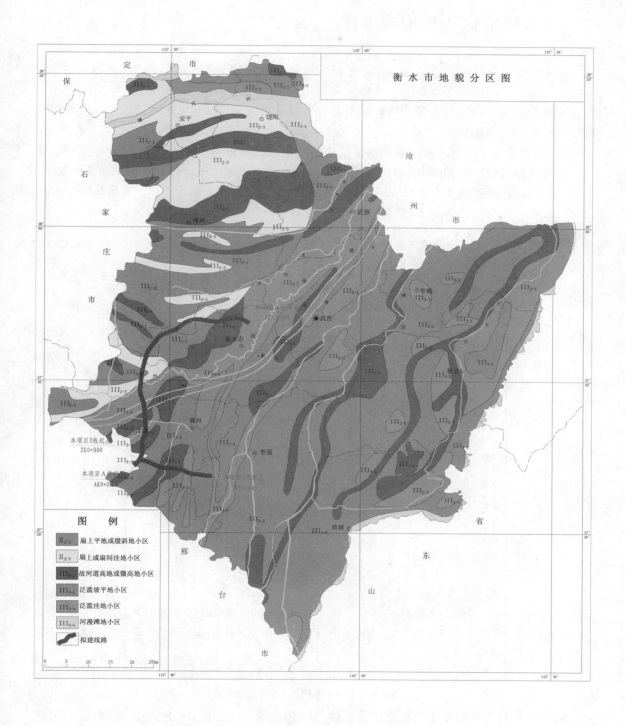

图 2-2　区域地貌图

2.2 研究区工程地质条件

2.2.1 地层及岩性情况

拟建线路及其周边地表分布的地层主要为第四系地层,依据《衡水地区机井志》(程兴华主编,北京:水利电力出版社,1993)、《河北省北京市天津市区域地质志》(河北省地质矿产局,1989)、《河北第四系》(河北省地质局水文地质研究室,1979)资料及河北省南宫市南宫区煤炭综合预查区钻孔资料,河北平原第四系厚度等值线示意图见图 2-3。评估区基岩埋深一般为 $900\sim1500m$,第四系厚度为 $400\sim550m$,其地层及岩性自下而上依次为:第四系(Q)为冲洪积、湖积成因的棕色、褐色黏土、亚黏土、亚砂土和砂层互层。

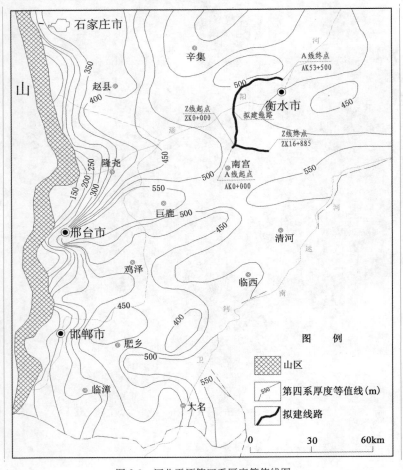

图 2-3 河北平原第四系厚度等值线图

岩性具有自西北向东南由粗变细的规律,厚 $510\sim525m$,自下而上分为:下更新统、中更新统、上更新统、全新统。

下更新统(Q_1):为冲洪积、湖积成因的棕红色、黄棕色黏土、亚黏土夹中细砂层,地层中普遍含铁锰结核。底板埋深 510～525m。

中更新统(Q_2)：为冲洪积成因的黏土、亚黏土、亚砂土夹砂层。下部棕褐色、红棕色,多黏土、亚黏土夹中粗砂,上部黄棕色、棕色为主,多夹亚砂土,砂层由中粗砂组成。下部砂层较上部粗、层厚。底板埋深 350m 左右。

上更新统(Q_3)：为冲洪积成因的亚黏土、亚砂土夹砂层。上部灰黄色、黄棕色,下部棕黄色。砂层以中细砂为主夹中粗砂,下部砂层较上部粗。底板埋深 160m 左右。

全新统(Q_4)：主要由冲积成因的灰色、灰黄色亚黏土,淤泥质粉质黏土,粉土及透镜状砂层组成。土层结构松散,具水平层理,有较多的虫孔、根孔,具生物活动残痕。砂层多粉细砂及粉砂。底板埋深 50～60m,详见图 2-3。

2.2.2 区域地质构造

1)区域大地构造特征

工作区位于华北断块区内部,大致位于鄂尔多斯地震构造区东部边缘和华北平原地震构造区中南部。华北断块区是我国的一个大地构造和地震活动单元,断块区内部结构和地震活动表现出明显的分区性,大致以太行山为界,西部地区为鄂尔多斯地震构造区;太行山以东地区称为华北平原地震构造区(图 2-4)。

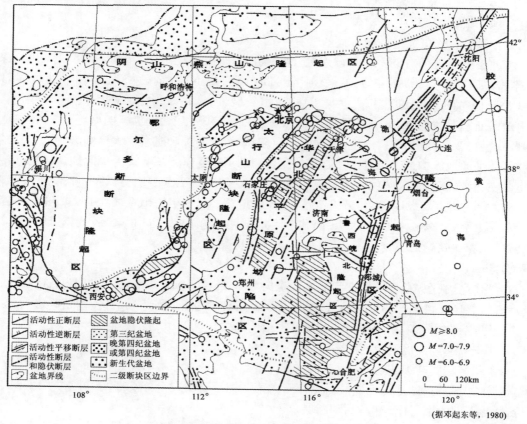

(据邓起东等,1980)

图 2-4 华北断块区活动构造及强震震中分布图

(1)鄂尔多斯地震构造区。鄂尔多斯地震构造区具有较规则的块体运动图像,由鄂尔多斯断块隆起及其周边的断陷带组成。周边的 4 条第三纪~第四纪断陷带是现今仍在活动的剪切拉张带和强烈地震带,地震与地质构造的关系比较明确,6 级以上强震除个别震中外,都落在断陷盆地内,并与晚更新世~全新世活动断裂有关。鄂尔多斯断块隆起是一个完整的地壳块体,内部差异性构造活动微弱,地震活动稀少,是一个构造活动微弱区。

鄂尔多斯断块的东边界是山西断陷带,又称为山西剪切拉张带。此断陷的太原盆地位于本构造区内。

(2)华北平原地震构造区。太行山以东的华北平原地震构造区的地震活动强烈,而且是自1815 年至今华北地区第四地震活跃期强震活动的主要场所。强震震中分布虽然比鄂尔多斯地震构造区分散,但仍有较清楚的集中成带特征;地壳上部表现的多隆多坳、多凸多凹多层次断块构造与地震带和剪切为主的地震破裂表现出不协调的现象,发震构造是浅层断层对应的深断裂。

(3)地震构造带。地震在空间分布的不均匀性即集中成带特征,是地震活动的基本特征之一。强震连延带常与活动断裂带一致,称为地震构造带。地震构造带常表现为:强地震连延带、小地震密集带、第四纪活动断裂带和地壳深断裂带。地震构造带是长数百公里宽数十公里的地震发生带,可视为潜在震源带。华北地区的地震构造带的走向为 NNE-NE 向和 NWW-NW 向,两个方向恰为华北地区多震层应力场的最大剪切应力方向,前者为右旋剪切带,后者为左旋剪切带。

在本项目工作区通过的地震构造带有:

华北平原地震构造带。北起自卢龙、滦县地区,向西南经唐山、宁河、天津西、河间、深州市、辛集、任县、邢台、邯郸,再向南过汤阴至新乡,呈 NE-NNE 向,总长 560km。带内发育的NNE-NE 向第四纪活动断裂有:卢龙断裂、唐山断裂带、沧东断裂、大城东断裂、新河断裂、太行山山前断裂带的邢台—磁县段。此外。还有一些 NW-NWW 向第四纪活动断裂与 NE-NNE 断裂交汇,构成共轭构造组合,如蓟运河断裂、衡水断裂和磁县—大名断裂等。

华北平原地震构造带也是一条强震连延带,1815 年至今尚未结束的华北地震区第四活动期主要在此带活动,记录到的 6 级以上强震有:1830 年磁县 7.5 级地震、1966 年邢台 7.2 级地震、1882 年深州市 6 级地震、1967 年河间 6.3 级地震、1976 年唐山 7.8 级地震、1945 年滦县6.2 级地震等。强震破裂也有 NNE 向和 NWW 向两组,前者如唐山 7.8 级地震、邢台 7.2 级地震等;后者如磁县 7.5 级地震、河间 6.3 级地震及 1976 年宁河 6.9 级地震等。

2)区域新构造运动

在工作区内(图 2-5),新构造活动单元走向为 NNE-NE 向,太行山山前断裂以东为华北平原坳陷区,该区又可划分为七个次级单元,分别是邢衡隆起区、临清坳陷区、内黄隆起、汤阴地堑、东濮断陷、冀中坳陷和济阳坳陷。太行山山前断裂以西为太行山隆起区,该隆起以西是构成鄂尔多斯隆起东边界的山西断陷带。

3)工作区主要断裂构造

(1)工作区的第四纪活动断裂。工作区内第四纪活动断裂十分发育,已知各类第四纪断层24 条。表 2-1 给出了工作区的活动断层。

(2)工作区第四纪活动断裂特征。本区主要的第四纪活动断裂资料和平面分布汇总于表

2-2 和图 2-5 中,从表 2-2 和图 2-5 中可以得知本区活动断裂具有如下特征。

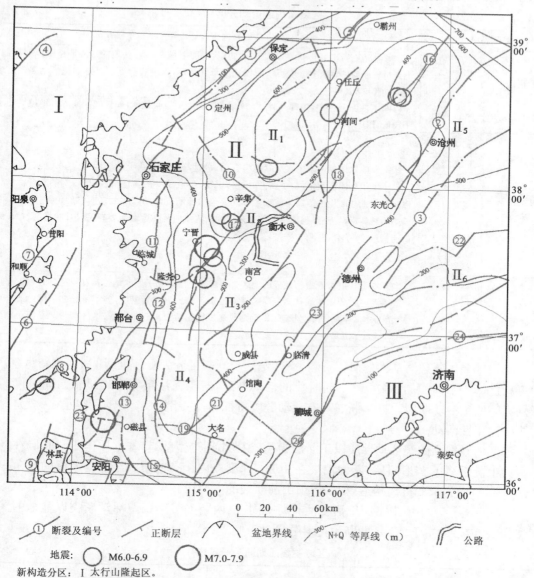

图 2-5　工作区地震构造图

①NE-NNE 向活动断裂是区内的主干活动断裂,其次是与之近于正交的 NW-NWW 向活动断裂。它们对分析区域构造地貌、第四纪地质、新构造运动起重要作用,规模较大,一般长度

21

在数十至数百余公里,往往成为划分不同级别活动构造单元的边界断裂。

区域新构造运动分区　　　　　　　　　　表 2-1

新构造分区		新构造运动特征
山西隆起区	太原盆地	次级盆地右行斜列排列,总体走向北北东,平面上呈"S"形,盆地的形成严格受断裂控制,上新世开始裂陷,由南向北发展,第四纪继承性活动,盆地边界断裂且第四纪活动强烈。地震活动强度大,频度高
	太行山隆起	以间歇性上升为主,内部差异活动较弱,发育个别山间盆地,如晋城盆地等。地震活动水平较低,以中小地震活动为主
华北平原坳陷区	冀中坳陷	华北断陷盆地是由多个次级盆地组合而成,这些盆地大致于始新世在中生代构造隆起的背景下发生裂陷作用形成,中新世时整体沉降,形成统一的盆地,但盆地内部的差异活动仍以次级盆地或断块的活动为基础。华北断陷盆地断裂活动以北北东向右旋走滑拉张为主。断陷内地震活动强烈,强震活动与北东向的断陷盆地及其边缘断裂有关,但同时又受控于北西向构造带
	邢衡隆起	
	临清坳陷	
	汤阴坳陷	
	内黄隆起	
	东濮坳陷	
	济阳坳陷	
鲁西隆起区	鲁西隆起	鲁西隆起以聊考断裂为西界的地区。地貌属于与华北平原盆地连接在一起的鲁西南平原区。在第三纪以来华北平原沉降区裂陷范围不断扩展的背景下,晚第三纪初期继续有充填式沉积,本区呈徐缓隆起状态,其后则普遍发生超覆。第四纪以来,本区与华北平原已浑然一体,呈总体沉降趋势,形成了新的坳陷区

②根据多年断裂活动性的研究资料,第四纪活动断裂区分为全新世(Q_4)、晚更新世(Q_3)、中更新世(Q_2)、早更新世(Q_1)等不同时代的活动断裂,对于无法判明准确最新活动时代的断裂划为第四纪活动断裂。许多断裂具有活动分段特征,有些断裂每个活动段很小,一般是盆地边缘的拉张性活动。

③区内断裂第四纪活动性质以正断层为主,说明拉张应力场起着主导作用。断层在剖面上多为上陡下缓的铲形断层,断面消失在 10km 深度以内。有些第四纪活动断裂的倾角很小(20°～30°),成为滑脱拆离构造,如太行山山前断裂的中南段。

④区内各活动构造带第四纪活动性有所不同,山西断陷带第四纪活动断裂以盆地的主控断裂为主,该带的主干 NNE 向断裂走滑分量大于倾滑分量。

区域主要活动断裂一览表　　　　　　　　　　表 2-2

编号	断裂名称	长度(km)	产状			断层性质	活动时代	地震活动
			走向	倾向	倾角(°)			
1	保定—石家庄断裂	200	0～40	E	30	正	Q_1	—
2	沧东断裂	350	30	SE	20～50	正	Q_2	浅震勘探
3	埕西—羊二庄断裂	80	NE	NW	50～70	正	Q_2	—
4	系舟山断裂	109	50	NW	60	正	Q_4	—
5	牛东断裂	70	NE	SE	35～70	正	Q_2	—
6	晋—获断裂	350	30	SE	50～80	正	Q	1909 年和顺 5 级地震
7	井陉—左权断裂	200	30	SE	52～60	正	Q	—

续上表

编号	断 裂 名 称	长度(km)	产状			断层性质	活动时代	地震活动
			走向	倾向	倾角(°)			
8	涉县断裂	60	NE	NW	—	正	Q	—
9	林县西断裂	70	NNE	SE	—	正	N-Q	—
10	衡水断裂	130	NWW	NE	—	正	Q_1	—
11	元氏断裂	60	S-N	E	—	正	Q	—
12	邢台东断裂	120	10-20	SEE	40~60	正	Q_2	—
13	邯郸断裂	34	10	SEE	40~60	正	Q_3	—
14	临漳断裂	80	NNE	—	40	正断	Q	—
15	安阳断裂	80	NWW	N	80	正	Q	—
16	大城东断裂	160	35	SE	35~40	正断	Q	与1967年河间6级地震有关
17	新河断裂	70	30	NW,W	25~50	正	Q_4	1966年邢台7.2级地震
18	沧西断裂	80	NE25~35	NW	30~40	正	Q	—
19	临漳—大名断裂	90	NWW	NNE	80	正	Q_3	—
20	聊—考断裂	70	NE	NW	50	正	Q	—
21	馆陶西断裂	105	30	NW	40	正	Q	—
22	临邑断裂	100	NEE	S	40~60	正	N-Q	—
23	磁县断裂	90	NWW	N		正	Q_4	1830年磁县7.5级地震
24	广齐断裂	180	NEE-EW	N	40~60	正	Q_1- Q_2	—

4)近场区地震构造评价

(1)晋州市断裂。晋州市断裂西起东镇,经柏乡、换马店、南柏舍、范庄、马于镇至小樵镇,全长近100km,该断裂又称柏乡断裂。晋州市断裂是晋州市凹陷东侧的主控边界断裂,走向NE40°,倾向NW,倾角30°~40°。晋州市断裂斜接于元氏断裂的南端,晚侏罗世—早白垩世时它与元氏断裂一起控制了地堑式断陷盆地的发育,堆积的上侏罗统和白垩系地层厚3000~4000m。早第三纪此断裂控制了晋州市凹陷,堆积的下第三系地层厚3000m左右。

(2)新河断裂。新河断裂南起西郭城、经观寨、侯口、王口、新城至和睦井,全长约91km。新河断裂是束鹿盆地东侧的主控边界断裂,走向NNE,倾向NWW,正断倾滑性质,主要切割了古生界、中上元古界的蓟县系、长城系及前长城系变质岩,直接控制了下第三系地层的发育。新河断裂呈上陡下缓的"铲状"形态,上部倾角较陡45°~55°,下部25°~35°,向下延伸达8~10km处接近水平,终止在东倾滑脱面上;向上切入了上新统地层和第四系地层下部,活动性逐渐减弱,消失在中更新统或晚更新统底部附近。

(3)衡水断裂。总体走向NW60°,在衡水附近的一段走向NW45°左右,倾向NNE,上部倾角最大60°,下部倾角小于50°,全长约70km。衡水断裂东段与NNE向献县断裂交汇;中段与NEE向前磨头断裂和护驾迟断裂交汇;西段与NNE向新河断裂交汇。衡水断裂早第三纪时期活动十分强烈,构成冀中坳陷与邢衡隆起的边界,断裂北侧下降盘是冀中坳陷的深州市凹陷和饶南凹陷;断裂南侧上升盘是邢衡隆起的新河凸起和前磨头凹陷。深州市凹陷的沉降中心靠近衡水断裂,深达7000m,其中始新统1000m以上,渐新统4000m,上第三系和第四系2400m。断裂下第三系底面落差 3600m,上第三系底面落差达 800~1000m,衡水断裂晚第三纪以来活动性分段性十分明显,据多条穿过断裂的人工地震剖面资料,总的活动趋势是西段活动强而东段活动弱。用浅层人工地震勘探查明衡水断裂的第四纪活动,国土资源部水文地质工程地址技术方法研究所于 1989 年在白村布设近南北向浅震测线,测线长 1605m。探测结果表明,在 CDP270-265 处出现与上第三系顶板相应的 T_1 波组错断现象,断面倾角陡,北倾,正断层,断距 12.7m。

(4)前磨头断裂。前磨头断裂是一条规模不大的正断层,北段走向 NE60°,倾向 NW;西南段走向近 EW,倾向北。断面上部倾角 60°,下部约 45°。该断裂发育在邢衡隆起内部,是面积不大的前磨头凹陷的主控断裂。凹陷中心位于靠断裂的一侧。断层上端切断上第三系地层底面,并延入上第三系地层和第四系地层。

国土资源部水文地质工程地质技术方法研究所于 1989 年在衡水电厂布设近南北向浅层人工地震测线,探测结果表明前磨头断裂最新活动在早更新世早期,早更新世底面断错 16.2m。断裂走向北北东,全长 80 余千米,是沧县隆起和冀中拗陷的边界断裂,石油地震勘探剖面,显示断面倾角上部约 60°,下部约 50°。断裂以东的沧县隆起上基本缺失早第三纪沉积或厚度甚薄,断裂两侧下第三系底面落差在 3000m 左右,上第三系底板落差为 300m 左右。

在第四系等厚线图中可看出,沿沧西断裂有一厚度梯度变化带,似乎表明在第四纪时期它有一定的活动性。中国地震局地质所曾在崔乡进行了浅层地震探测,勘探结果表明,沧西断裂在 350m 处尚无反应,该深度已接近第四系底界位置。沧西断裂在第四纪期的活动是比较弱的,而且即使有活动也发生在晚第三纪末或第四纪早期。

由于邢衡高速衡水段京九铁路分离式立交距离衡水断裂较近,所以为确定该桥址处是否存在活动断裂,河北省工程地震勘察研究院于 2010 年 9 月 27 日至 28 日开展了工程场地浅层地震勘探工作。

浅层地震勘探结果表明:反射时间剖面中的 T_1、T_2 反射波同相轴可连续追踪,显示没有断层存在。根据地层资料和时—深转换剖面,T_1 为全新统(Q_4)底界面,T_2 为晚更新统(Q_3)底界面,工程场地内没有第四系断层存在。

(5)工程场地评价。根据河北省工程地震勘察研究院《地安评价报告》得出结论:邢衡高速公路衡水段(K0+000~K55+252.446)地震峰值加速度全线为 0.1g;衡水南绕城段里程标 ZK0(起点)~里程标 ZK9 为 0.10g,里程标 ZK9~里程标 ZK16+885(终点)为 0.05g。场地覆盖层厚度大于 50m,场地土为中软土,场地类别为Ⅲ类。项目区 20.0m 范围内等效剪切波速值如表 2-3 所示。

项目区 20.0m 范围内等效剪切波速值　　　　　　　　　表 2-3

工 点 名 称	等效剪切波速值(m/s)	工 点 名 称	等效剪切波速值(m/s)
京九铁路分离式立交桥	205.8	滏阳新河特大桥	202.7
滏阳河特大桥	183.5	邯黄铁路分离式立交桥	218.5

2.2.3　水文地质条件

1)地表水

本项目路线主要涉及西沙河、滏阳新河、滏阳河、骑河王排干,流量随季节变化较大,全年约80%的径流量发生在降水集中的7～8月份。经采取地表水进行水质分析,根据《公路工程地质勘察规范》(JTG C20—2011)判定,该地表水对混凝土具弱～强腐蚀性,对钢筋混凝土结构中钢筋具中等～强腐蚀性,建议进行相应等级防护。地表水的腐蚀性评价见表2-4。

地表水腐蚀性评价判定表

表2-4

取水样地点	环境类型	Mg^{2+} $\rho(B)$ (mgL^{-1})	SO_4^{2-} $\rho(B)$ (mgL^{-1})	Cl^- $\rho(B)$ (mgL^{-1})	HCO_3^- $\rho(B)$ (mgL^{-1})	CO_3^{2-} $\rho(B)$ (mgL^{-1})	NO_3^- $\rho(B)$ (mgL^{-1})	pH值	侵蚀性CO_2	对混凝土结构	对钢筋混凝土结构中钢筋
西沙河大桥	II	103.1	632.0	811.1	351.5	0.0	0.3	7.35	0.9	弱	中
滏阳新河	II	975.9	4831.7	5416.8	229.4	0.0	0.4	7.56	17.6	强	强
滏阳河	II	131.3	1129.8	2345.4	444.2	0.0	0.4	7.12	5.3	弱	中
骑河王排干	II	203.2	1432.2	714.7	78.1	19.2	0.3	7.73	0.0	弱	中

2)地下水

(1)包气带。包气带岩性主要为粉土、粉质黏土加薄层黏土及粉砂,结构松散,水平分布规律自西北向东南由粗变细。由于受浅层水开采影响,包气带厚度各地不一,西北部全淡区厚度15～30m;浅层水开采区枣强县新屯和故城县建国以南厚12～20m;阜城县、景县大部为8～15m。咸水分布区在深州南部、冀州西部和衡水市桃城区,厚度2～6m;其他地带厚4～6m。由于受多年浅层水开采的影响,包气带厚度也在不断地增加。

(2)含水组划分及水文地质特征。衡水市属河北平原水文地质区,按水文地质特征自西北至东南分为滹沱河冲洪积水文地质亚区,滏阳河冲洪积水文地质亚区及漳卫河冲洪积水文地质亚区。在竖向上,根据地下水赋存条件和动力特征,将第四系含水组划分为浅层含水组和深层含水组。浅层含水组包括全淡水区和有咸水区,全淡水区底板埋深160～170m,有咸水区的安平县、饶阳县南部和深州市北部底界埋深110～140m,其他地区底界埋深40～60m。深层水底界埋深450～600m。

根据2009年12月河北省煤田地质局物测地质队《河北省南宫市南宫区煤炭预查报告》,新近系及第四系砂、砾石孔隙含水层主要由含砂及砂砾石层组成,一般厚度175～216m。目前,农业灌溉、工业和生活用水主要取自第四系的孔隙含水层。钻孔简易水文地质观测冲洗液消耗量最大达0.3m³/h,属富水性弱的含水层。煤炭预查区浅层地下水:含水层埋藏较深,一般30m有余,由于常年开采,目前已枯竭。第四系深层地下水:含水层埋深300～500m,厚度大于100m,为砂层,水位埋深30～40m,单井涌水量30～50t/h。

(3)地下水补、径、排条件。衡水地下水的天然流向为自西南流向东北,西北部由西向东流,从20世纪70年代开始,由于大量开采地下水,地下水的补、径、排条件发生了变化。

①浅层地下水补、径、排条件。浅层地下水埋藏浅,其主要补给来源为大气降水入渗和灌溉回归入渗,由于区内水力坡度小,侧向径流微弱。其排泄方式:在未开采的咸水分布区以蒸发为主,全淡水区和浅层淡水区以人工开采为主,由于浅层水与下伏的深层水水位差较大,浅层水向下部越流也是一种排泄方式。

经采取地下水进行水质分析,根据《公路工程地质勘察规范》(JTG C20—2011)判定,该地下水对混凝土具弱～中腐蚀性,对钢筋混凝土结构中钢筋具弱～中腐蚀性,建议进行相应等级防护。地表水的腐蚀性评价见表2-5。

地下水腐蚀性评价判定表

表2-5

取水样地点	环境类型	Mg^{2+} $\rho(B)$ $(mg L^{-1})$	SO_4^{2-} $\rho(B)$ $(mg L^{-1})$	Cl^- $\rho(B)$ $(mg L^{-1})$	HCO_3^- $\rho(B)$ $(mg L^{-1})$	CO_3^{2-} $\rho(B)$ $(mg L^{-1})$	NO_3^- $\rho(B)$ $(mg L^{-1})$	pH值	侵蚀性CO_2	腐蚀性评价 对混凝土结构	腐蚀性评价 对钢筋混凝土结构中钢筋
北陈家庄中桥	II	66.1	471.5	388.5	307.5	0.0	0.8	7.4	10.6	弱	弱
冀码渠大桥	II	83.4	925.6	1148.0	330.1	44.6	1.3	7.39	3.2	弱	中
衡水湖服务区	II	48.6	440.5	204.2	468.6	0.0	2.4	7.36	0.0	无	弱
K31+233	II	272.8	2159.8	1318.7	512.5	0.0	2.0	7.11	7.0	中	中
京九铁路	II	257.5	1760.7	1259.2	624.8	0.0	0.2	7.03	0.0	中	中

②深层水的补、径、排条件。深层地下水因被超量开采,致使水位逐渐下降,形成区域降落漏斗,改变了初始的地下水流场,大部分的地下水向漏斗区汇流。排泄方式为人工开采。

(4)地下水位动态。

①浅层地下水水位动态。浅层地下水水位动态受气象、水文及人为因素的影响较大,不同区域主导因素不同,其水位过程及动态也各有特点,浅层地下水水位动态类型分为降水入渗开采型、灌溉降水入渗蒸发型和降水入渗蒸发型。

降水入渗开采型主要分布在全淡水区、浅层淡水区以及微咸水开采区,多年水位呈下降趋势;灌溉降水入渗蒸发型主要分布在有微咸水未开采区和咸水区的渠灌区,多年水位变化不大,遇干旱年份水位有所下降,但幅度不大;降水入渗蒸发型主要分布在咸水区的微咸水开采区,咸水区多年水位变化微小,主要受降水和蒸发的影响,因降水水位上升,因蒸发水位下降。

总体上,本市因地表水较缺乏,浅层地下水分布较广,长期以来开采量大于补给量,地下水水位持续下降,见图2-6。浅层地下水位下降,增强地表水、雨水下渗,同时增强地下水对浅层土的潜蚀作用,更易诱发地裂缝。

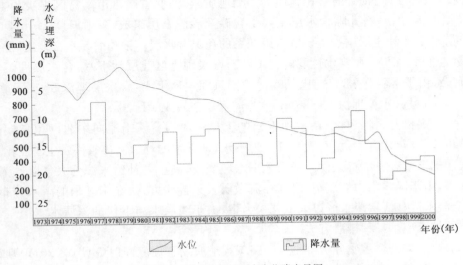

图2-6 多年浅层地下水水位降水量图

　　本区地下水年内变化期为：3～6月是地下水位下降期，6月出现最低水位；7～翌年3月是地下水位回升期，3月初出现最高水位，地下水年变幅0～2m。

　　2005年6月，本地区浅层地下水低水位期水位埋深3～10m（图2-7及表2-6浅水位调查表）。

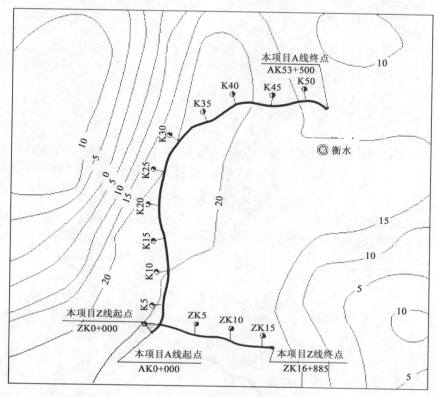

图2-7　区域浅层地下水等水位图

（资料来源：华北平原地下水可持续利用调查评价［M］.中国地质调查局，2009）

浅 水 位 调 查 表　　　　　　　　　　　　　表2-6

序　号	位　　　置	地表高程（m）	水位高程（m）	埋深（m）
1	K0 北黄家庄	23.5	19.2	4.3
2	K10 北褚宜	22.8	20.1	2.7
3	K17 垒头镇	22.4	20.7	1.7
4	K26 路口王村	24.4	20.2	4.2
5	K33 大柳林	24.2	20.1	4.1
6	K41 祝家斜村	22.6	20.1	2.5
7	K47 呼家村	21.7	18.2	3.5
8	K53 大麻森	20.8	13.6	7.2

　　②深层地下水水位动态。深层地下水为承压淡水，其动态类型分为越流补给开采型和侧向径流补给开采型，漏斗中心动态类型为侧向径流补给开采型，其他地区均为越流补给开采型。无论属于哪种动态类型，因深层地下水长期处于超采状态，多年水位呈下降趋势，见图2-8。区域深层地下水等水位图见图2-9。深层地下水长期超采，地下水位持续大幅度下

降,更易诱发地面沉降、咸水下移等地质灾害。

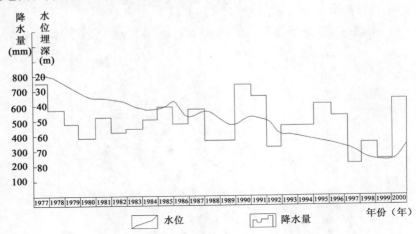

图 2-8 多年深层地下水水位降水量图

根据中国地质调查局 2009 年 5 月《华北平原地下水可持续利用调查评价》,2005 年 6 月本地区深层地下水低水位期水位埋深 50～90m(图 2-9 及表 2-7 深水位调查表)。

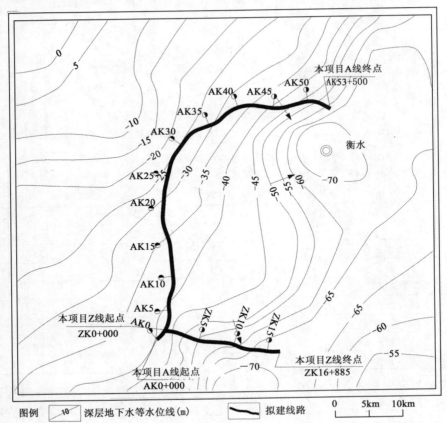

图 2-9 华北平原 2005 年 6 月深层地下水等水位图

(资料来源:华北平原地下水可持续利用调查评价[M].中国地质调查局,2009)

深 水 位 调 查 表 表2-7

序 号	位 置	地表高程(m)	水位高程(m)	埋深(m)
1	AK2 枣园乡北1km处	23.5	−43	66.5
2	AK17 垒头镇东300m处	22.1	−35.6	57.7
3	AK26 赵码公路附近	24.4	−26	50.4
4	AK49 东桃园南400处	20.6	−47.3	67.9
5	AK53 李善彰南200m处	19.3	−58.2	77.5
6	ZK11 北午照北500m处	22.8	−59.1	81.9

地下水的补给主要包括降水入渗、灌溉回归及地下水侧向径流补给。地下水的排泄主要为人为开采及地下径流。

2.3 研究区工程地质分区及评价

经实地调查,研究区线路经过的地貌形态主要分为冲洪积平原区和滏阳河冲积平原区两类。根据沿线地貌形态及地层岩性,将路线分为如下三个地质区。

2.3.1 冲洪积平原区(Ⅰ区)

冲洪积平原区(Ⅰ区)主要分布于邢衡高速衡水南绕城段(支线)路线起点—薛家曹庄段和枣园(邢衡界)衡水北互通段(主线)路线起点—东王家南村段。

衡水南绕城段(支线)路线起点—薛家曹庄(ZK0+047.1~ZK16+922)段,路线途径邢衡高速公路邢台段终点,往东经后郭村、增家庄、后恩关、北曹庄、北午照、师辉、王李张屯、振江口村、柳林庄村。路线以互通、大桥、中桥、分离立交、通道及涵洞、路基形式跨越。该区域局部地表分布有0~0.60m厚种植土和填筑土等;下伏为第四系全新统冲洪积成因的软土、软弱土、粉土、粉质黏土、粉砂、细砂、中砂等,土层结构松散,具水平层理,有较多的虫孔、根孔,具生物活动残痕。砂层多粉细砂及粉砂。该区域有地表水,路线穿越区的地下水主要为孔隙水,岩体含水率小,属于贫水区,对混凝土有微腐蚀。该区局部地区存在软土、软弱土层,工程地质条件较差。

枣园(邢衡界)衡水北互通段(主线)路线起点—东王家南村(K0+000~K13+200)段,沿线附近地面高程为19.0~25.2m,地势平坦,路线以互通、大桥、中桥、天桥、分离立交、通道及涵洞、路基等形式跨越。该区地层主要为浅层的粉土、软土、软弱土以及下部的粉质黏土和砂土等,工程地质条件较差,饱和粉土及砂土具轻微砂土液化现象。本区全线分布厚度不等的软土、软弱土,呈连续分布,需进行地基处理,以提高地基承载力,降低工后沉降。该区域有地表水,浅层地下水水位埋深1.8~7.6m,埋藏较浅,对混凝土结构具弱腐蚀性,对混凝土结构中的钢筋具中等腐蚀性,建议采用相应等级防护措施。项目区存在软土及软弱土,工程地质条件较差,建议经过比选,对桥头路基段采用水泥土搅拌桩、CFG桩、高压旋喷桩等手段进行地基处治。对一般路基段,采用水泥土搅拌桩、CFG桩、高压旋喷桩、强夯+碎石垫层等手段进行地基处治。

2.3.2　滏阳河冲积平原区(Ⅱ区)

滏阳河冲积平原区(Ⅱ区)主要分布于枣园(邢衡界)衡水北互通段(主线)东王家村南—南尚家庄南(K13+200~K22+000)段,为滏阳河冲积平原区,路线以互通、特大桥、大桥、中桥、天桥、分离立交、通道、路基等形式跨越。该段线路地面高程 16.3~28.3m,地势较平坦。该区地层主要为浅层的粉土、黏土、软土、软弱土以及下部的砂层及粉质黏土等,工程地质条件较差,路线穿越区饱和粉土及砂土具轻微砂土液化现象,局部中等液化。对于中等液化砂土,应采取相应措施进行处理。

本区路线全线分布有 1.1~8.3m 厚度不等的软土、软弱土,呈连续分布,建议采用水泥土搅拌桩、CFG 桩、旋喷桩等复合地基处理,局部浅层路段可采用强夯置换处理,提高地基承载力,降低工后沉降。

该区域有地表水,浅层地下水水位埋深 2.1~5.5m,埋藏较浅,对混凝土结构具弱~强腐蚀性,对混凝土结构中的钢筋具中等~强腐蚀性,建议采用相应等级防护措施。项目区存在软土及软弱土,工程地质条件较差,建议经过比选,对桥头路基段采用水泥土搅拌桩、CFG 桩、高压旋喷桩等手段进行地基处治;对一般路基段,采用水泥土搅拌桩、CFG 桩、高压旋喷桩、强夯+碎石垫层等手段进行地基处治。

2.3.3　冲洪积平原区(Ⅲ区)

冲洪积平原区(Ⅲ区)主要分布于枣园(邢衡界)衡水北互通段(主线)南尚家庄南—终点(K22+000~K55+251.683),附近地面高程为 12.6~29.2m,相对高差较小,地势平坦,地形地貌单一,路线以互通、大桥、中桥、天桥、分离立交、通道及涵洞、路基等形式跨越。该区地层与Ⅰ区相似,主要为浅层的粉土、软土、软弱土以及下部的粉质黏土和砂土等,工程地质条件较差,路线饱和粉土及砂土具轻微砂土液化现象,局部液化等级为中等;本区全线连续分布1~9m的软土、软弱土,具有高孔隙比、高压缩性、低承载力的特点,需进行地基处理,提高地基承载力,降低工后沉降。

该区域有地表水,浅层地下水水位埋深 2.6~4.2m,埋藏较浅,对混凝土结构具弱~中等腐蚀性,对混凝土结构中的钢筋具中等腐蚀性,建议采用相应等级防护措施。项目区存在软土及软弱土,工程地质条件较差,建议经过比选,对桥头路基段采用水泥土搅拌桩、CFG 桩、高压旋喷桩等手段进行地基处治;对一般路基段,采用水泥土搅拌桩、CFG 桩、高压旋喷桩、强夯+碎石垫层等手段进行地基处治。

2.4　研究区主要工程地质问题

路线穿越区不良地质作用和地质灾害主要为砂土液化;特殊岩土主要为软土、软弱土。

2.4.1　砂土液化

该区抗震设防烈度为Ⅶ度,液化砂土的判别准则按交通运输部《公路工程抗震规范》

(JTG B02—2013)规定,按标准贯入($N_{63.5}$)临界击数(N_{Cr})及液化抵抗系数(C_e)判别和确定折减系数(α),液化土层的力学强度指标应按折减系数(α)进行折减。

沿线地下水水位埋深较浅,一般在 $2.0 \sim 3.0m$,全线地震动参数为 $0.05 \sim 0.10g$。经计算,场区内饱和砂土及粉土液化等级为轻微,局部路段液化等级为中等,建议采用强夯+碎石垫层或是复合地基等方法对中等液化路段进行处理。

2.4.2　软土、软弱土

1)软土、软弱土的鉴别及工程特性

沿线特殊性岩土主要为软土、软弱土。软土或软弱土的鉴别依据见表2-8。

软土或软弱土的鉴别依据 表2-8

名称	天然含水率 $\omega(\%)$	液性指数 I_L	孔隙比 e	直剪内摩擦角 $\varphi(°)$	压缩系数 $a_{v0.1-0.2}$(MPa)	标贯击数 (N)	锥尖阻力 q_c (MPa)
软土	≥35	≥1.00	≥1.0	<5	>0.5	<3	<0.7
软弱土	≥30	≥液限　≥0.75	≥0.9	<8	>0.3	<5	<1.0

软土的主要特征是:天然含水率高,孔隙比大,压缩性高,强度低,渗透系数小。软土具有如下工程性质:触变性、流变性、高压缩性、低强度、低透水性和不均匀性等特性。

软土或软弱土路段应尽量采用低路基,不仅能减少因高填路堤带来的地质病害,同时少占耕地,节约资源,也减少了工程投资费用。

软土地基设计时应根据软土或软弱土的厚度不同,采取不同的方法处理。在分布有软土或软弱土的构造物和桥头路基段及一般路基段,都应进行变形验算,对于沉降、稳定超限段应采用 CFG 桩、高压旋喷桩或水泥土搅拌桩进行地基处理,以减少因地基沉降而产生的桥头跳车。

2)衡水南绕城段(支线)软土、软弱土分布及工程特征

在路线穿越区段,一般地表下 20m 以内夹有厚度不等的软土或软弱土的透镜体,局部呈连续状,且范围较大。该类土呈灰黄色、灰色、灰黑色,为湖沼相沉积。土体孔隙比大多在 $0.8 \sim 1.3$,属高压缩性土。软土、软弱土体的存在对整个路线工程的沉降是否超限具有控制作用。工程设计应对桥头高填路段和软土区段的路堤应进行稳定与沉降验算;对于沉降超限段,应采取必要的处理措施。

该路段软土层推荐承载力为 $80 \sim 100kPa$,侧壁极限摩阻力为 $20 \sim 25kPa$。总体而言,路线穿越区软土、软弱土呈连续分布,工程地质条件较差,应进行地基处理,以满足构造物承载力要求和路基的沉降要求。建议采用搅拌桩、CFG 桩或排水预压等方式处理,局部地表出露及浅埋软基路段,可考虑强夯置换。

邢衡高速衡水南绕城段,地下水位埋深在 10m 左右,软弱土的重度 $\gamma = 18.8 \sim 19.9kN/m^3$,孔隙比 $e = 0.8 \sim 0.9$(小于 1.0);含水率 $\omega = 30\% \sim 35\%$,液限 $\omega_L = 32\% \sim 34\%$,含水率小于或者接近液限值,塑性指数 $I_P = 8.7 \sim 10.2$,液性指数 $I_L = 0.56 \sim 0.75$。邢衡高速软弱土的压缩系数 $a_{1-2} = 0.40 \sim 1.01MPa^{-1}$,压缩模量 $E_s = 1.73 \sim 6.45MPa$,属于中—高压缩性土。综合其他指标来说,与沿海地区的软土相比,与沿海地区的软土相比具有明显的软土特征,而邢衡

高速软弱土达不到软土的标准。

3)枣园(邢衡界)衡水北互通段(主线)软土、软弱土分布及工程特征

路线穿越区全线分布有冲洪积成因的软土、软弱土,全线 53.532km,施工图共布设 593 个钻孔,结果仅 K3+282、K4+580.5、K4+612.5、K5+047.5、K5+473、K5+497、K9+492、K16+784、K21+121、K48+832 等 11 个钻孔未揭露软土、软弱土,其余钻孔均有揭露,软土、软弱土厚度不等,多在 3.0~4.0m,软土埋深一般在 2.0~3.0m,局部路段表层出露,软土厚度达 8.0m 以上,其天然含水率 $\omega=30.0\%\sim45.4\%$,孔隙比 $e=0.927\sim1.583$,液性指数 $I_L=0.52\sim1.55$,压缩系数 $a_{1-2}=0.59\sim0.96\text{MPa}^{-1}$,压缩模量 $E_s=2.1\sim5.3\text{MPa}$,标贯击数 $N=2\sim5$ 击。

总体而言,路线穿越区软土、软弱土呈连续分布,工程地质条件较差,应进行地基处理,以满足构造物承载力要求和路基的沉降要求。建议采用搅拌桩、CFG 桩或排水预压等方式处理,局部地表出露及浅埋软基路段,可考虑强夯置换。

2.5　本章小结

(1)研究区地处滹沱河古冲洪积扇及其与滏阳河沉积的交错地带,为古黄河、古漳河长期泛滥淤积而形成的冲洪积平原区,地形平坦而略有起伏,平均海拔 15~45m。现存地貌为第四纪松散沉积物,地势平坦开阔,洼地及平地相间的地貌类型,区内为冲洪积平原地貌形态。气象气候特点是干旱同季、雨热同期、四季分明。春季干旱多风,夏季炎热多雨,秋季晴朗气爽,冬季寒冷干燥,全年干湿季节变化明显,四季分明。研究区与众多河流相交,主要河流为滏东排河、滏阳新河及滏阳河,均为季节性河流。地表水主要来源于大气降水,区内年降雨量分布不均匀。

(2)拟建线路及其周边地表分布的地层主要为第四系地层,评估区基岩埋深一般在 900~1500m,第四系厚度为 400~550m。第四系(Q)为冲洪积、湖积成因的棕色、褐色黏土、亚黏土、亚砂土和砂层互层。岩性具有自西北向东南由粗变细的规律,厚 510~525m。自下而上分为下更新统,中更新统、上更新统和全新统。研究区位于华北断块区内部,大致位于鄂尔多斯地震构造区东部边缘和华北平原地震构造区中南部。研究区内第四纪活动断裂十分发育,已知各类第四纪断层 32 条。根据河北省工程地震勘察研究院《邢台至衡水高速公路衡水段工程场地地震安全性评价报告》结论:全线地震动参数为 0.10g,特征周期值 0.45s,场地土类型为中软土,场地类别为Ⅲ类。公路经过地区有地表水,浅层地下水水位埋深 1.8~10m,埋藏较浅,对混凝土结构具弱~强腐蚀性,对混凝土结构中的钢筋具弱~强腐蚀性,建议采用相应等级防护措施。

(3)经实地调查,研究区的地貌形态主要有冲洪积平原区和滏阳河冲积平原区。根据沿线地貌形态及地层岩性,将路线分为三个地质区:冲洪积平原区(Ⅰ区)、滏阳河冲积平原区(Ⅱ区)和冲洪积平原区(Ⅲ区)。研究区地层主要为浅层的粉土、软土、软弱土以及下部的粉质黏土及砂土等,工程地质条件较差,饱和粉土及砂土具轻微砂土液化现象。研究区广泛分布厚度不等的软土、软弱土,呈部分或连续分布,需进行地基处理,提高地基承载力,降低工后沉降。

(4)路线穿越区不良地质作用和地质灾害主要为砂土液化;特殊岩土主要为软土和软弱

土。沿线地下水水位埋深较浅,一般在 2.0～3.0m,全线地震动参数为 0.05～0.10g。经计算,场区内饱和砂土及粉土液化等级为轻微,局部路段液化等级为中等。软土的主要工程特征是:天然含水率高,孔隙比大,压缩性高,强度低,渗透系数小。软土的工程性质是:触变性、流变性、高压缩性、低强度、低透水性、不均匀性等特性。总体而言,路线穿越区软土、软弱土呈连续分布,工程地质条件较差,应进行地基处理,以满足构造物承载力要求和路基的沉降要求。建议采用搅拌桩、CFG 桩或排水预压等方式处理,局部地表出露及浅埋软基路段,可考虑强夯置换。

第 3 章　试验路段的工程实践

3.1　原设计水泥土搅拌桩复合地基方案

3.1.1　相关参数计算

3.1.1.1　置换率

复合地基中增强体和基体的量可以用复合地基的置换率表示。复合地基的置换率定义为复合地基中桩体横截面积和复合地基总面积的比值：

$$m = \frac{A_{\mathrm{p}}}{A} \tag{3-1}$$

式中：A_{p}——桩体的横截面积；

$\quad A$——复合地基总面积。

显然，复合地基置换率和桩径、桩间距及布桩方式有关。

当桩体为正方形布置时[图 3-1a)]，复合地基置换率表达式为：

$$m = \frac{\pi d^2}{4 l^2} \tag{3-2}$$

当桩体为等边三角形布置时[图 3-1b)]，复合地基置换率表达式为：

$$m = \frac{\pi d^2}{2\sqrt{3}\, l^2} \tag{3-3}$$

当桩体为长方形布置时[图 3-1c)]，复合地基置换率表达式为：

$$m = \frac{\pi d^2}{4 l_1 l_2} \tag{3-4}$$

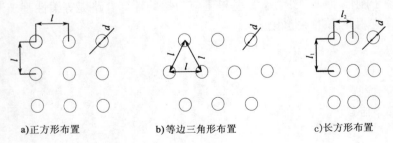

a)正方形布置　　　　　b)等边三角形布置　　　　　c)长方形布置

图 3-1　桩体平面布置形式

3.1.1.2 桩土应力比

桩土应力比是复合地基理论和工程实践中的一个重要指标,它不仅代表了增强体和基体的荷载分担,也包含着增强体和基体之间的相互作用。它的定义很简单,即桩顶处平均应力与桩间土平均应力的比值。但是,确切地确定桩土应力比并非易事,它的影响因素至少包括荷载水平、桩体和桩间土的性质、桩长以及复合地基的置换率。因此,桩土应力比一直是复合地基理论和工程实践中的主要研究目标。桩土应力比的经验计算方法总结如下。

(1)模量比法

计算复合地基桩土应力比最简单的公式就是模量比法,其公式如下:

$$n = \frac{E_p}{E_s} = \frac{\sigma_p}{\sigma_s} \tag{3-5}$$

模量比法的概念明确,但是公式过于简单,与实际情况有较大差别,计算误差较大。如水泥搅拌桩的复合地基中,E_p 一般为 70～150MPa,E_s 一般为 5～7MPa,按模量比法计算得到的桩土应力比在 10 以上。由上文可知,桩土应力比和许多因素有关,所以模量比法在水泥土搅拌桩复合地基中统一计算取值并不是很合理。

(2)沉降折减系数法

沉降折减系数法是从设置桩体对地基的总沉降的影响的角度来考虑桩土应力比的计算,假设天然地基在受到荷载 P 的作用下,最终沉降量为 S,地基通过用复合地基加固后同样受到荷载 P 时,最终沉降量为 S_P,定义 $\beta = S_P/S$ 为沉降折减系数。当桩端以下是硬土层时,可导得下式:

$$\beta = [1 + m(n-1)]^{-1} \tag{3-6}$$

通过式(3-6)可以推导出桩土应力比 n 的值,该公式虽然简单,但是公式中用到 S_P 的值的计算较困难,而且许多复合地基沉降量的计算方法中用到了桩土应力力比 n,所以通过该方法确定桩土应力比必须要有复合地基最终沉降的实测数据。

(3)当量层法

用当量层法计算桩土应力比,首先假定桩侧摩阻力的发挥程度与桩土之间的相对位移的关系服从理想的弹塑性模型,根据桩体在弹性状态下的荷载传递模式,利用当量层法的思想求出桩间土的平均压缩模量,然后假设桩土之间变形协调且沉降变形相等,就可以推导出桩土应力比的计算公式。当量层法中假定基础底面的桩土变形是协调的,即等应变的假设,所以当量层法一般只适用于刚性基础下的复合地基桩土应力比的计算。路堤等柔性基础下的复合地基桩土应力比计算应用此法并不是很恰当。

3.1.2 理论计算方法

目前,水泥土搅拌桩复合地基沉降计算仍然以复合地基理论为主,即沉降计算时将复合地基分为加固层和下卧层分别计算,然后求其总和:

$$S = S_1 + S_2 \tag{3-7}$$

式中:S_1——中加固区沉降;

S_2——下卧层沉降。

加固区土层压缩量 S_1 可采用复合模量法、应力修正法和桩身压缩量法等计算,各计算方法简述如下。

(1)复合模量法

复合模量法原理是将复合地基加固区的桩体、土体构成的复合体视为一个复合土体,引入复合压缩模量 E_{cs} 来表征复合土体的压缩性,并以分层总和法计算复合地基加固区压缩量,其表达式如下:

$$S_1 = \sum_{i=1}^{n} \frac{\Delta p_i}{E_{csi}} H_i \tag{3-8}$$

式中:Δp_i——第 i 层复合土上附加应力增量;

H_i——第 i 层复合土层的厚度;

E_{csi}——可通过面积加权法计算或采用弹性理论求出解析解或数值解,也可以通过室内试验测定。

面积加权表达式为:

$$E_{csi} = mE_p + (1-m)E_s \tag{3-9}$$

式中:m——复合地基面积置换率;

E_p——桩体压缩模量;

E_s——土体压缩模量。

(2)应力修正法

应力修正法其基本思路是,认为桩体和桩间土体压缩量相等,计算桩间土的压缩量则可以得到复合地基的压缩量。在计算压缩量时,忽略桩体的作用,根据桩间土分担的荷载和桩间土的压缩模量,按分层总和法计算加固区土体中的变形作为 S_1。

$$S_1 = \sum_{i=1}^{n} \frac{Vp_{si}}{E_{si}} H_i = \mu_s \sum_{i=1}^{n} \frac{Vp_i}{E_{si}} H_i = \mu_s S_{1s} \tag{3-10}$$

式中:μ_s——应力修正系数,其表达式为 $\mu_s = \dfrac{1}{1+m(n-1)}$;

n、m——复合地基桩土应力比和复合地基置换率;

Vp_i——未加固地基在荷载作用下第 i 层土上的附加应力增量;

Vp_{si}——复合地基中第 i 层桩间土的附加应力增量;

S_{1s}——未加固地基在荷载作用下相应厚度内的压缩量。

应力修正法引入了一个新的参数,即桩土应力比 n。由上文可知,在无现场试验的基础上,桩土应力比很难确定,所以此种算法具有一定难度。

(3)桩身压缩量法

该法规定在荷载作用下,桩身的压缩模量 S_p 可表示为:

$$S_p = \frac{\mu_p P + \rho_{b0}}{2E_p} l \tag{3-11}$$

式中:μ_p——应力修正系数,其表达式为 $\mu_p = \dfrac{n}{1+m(n-1)}$;

E_p——桩身材料变形模量;

ρ_{b0}——桩底端承力密度。

加固区土层压缩模量表达式为：

$$S_1 = S_P + S_b \tag{3-12}$$

式中：S_b——桩底层刺入下卧层的沉降变形量。

式(3-12)中含有难以确定的桩土应力比。另外，桩体的上下刺入量也是需要研究的课题。因而，采用桩身压缩量法计算复合地基沉降难度可能会更大。

目前计算下卧层沉降量的实用方法，主要是设法计算出下卧土层中的附加应力分布，然后采用分层总和法计算其沉降 S_2。现有计算下卧层中附加应力分布的常用方法有应力扩散法和等效实体法。

（1）应力扩散法

假设复合地基上的压力为 P，复合地基上的压力通过加固区扩散到下卧层顶面上的压力扩散角为 β，作用在下卧层顶面上的压力 P_b 的计算如式(3-13)所示。

$$P_b = \frac{DBP}{(B+2h\tan\beta)(D+2h\tan\beta)} \tag{3-13}$$

式中：B——复合地基上的荷载作用面宽度；

D——复合地基上的荷载作用面长度；

h——复合地基加固区厚度。

对于条形基础（平面应变情况），式(3-13)可改写为：

$$P_b = \frac{BP}{B+2h\tan\beta} \tag{3-14}$$

算得下卧层顶面上的压力 P_b 后，再采用分层总和法算出下卧层的沉降量 S_2。

（2）等效实体法

等效实体法将复合地基加固区视为一等效实体，并假定下卧层顶面上的荷载作用面与复合地基上的作用面相同。在等效实体四周作用有侧摩阻力 f，则作用在下卧层顶面上的压力 P_b 的计算式为：

$$P_b = \frac{BDP - (2B+2D)hf}{BD} \tag{3-15}$$

式中：B——复合地基上的荷载作用面宽度；

D——复合地基上的荷载作用面长度；

h——复合地基加固区厚度；

f——加固区周边的侧摩阻力。

在算得下卧层顶面上的压力 P_b 后，再用分层总和法求 S_2。应用等效实体法计算的关键在于侧摩阻力 f 的确定。当桩土相对刚度较小时，侧摩阻力 f 变化较大，很难合理估计，误差可能很大。

3.1.3　路基沉降估算

根据《建筑地基处理技术规范》(JGJ 79—2012)，水泥土搅拌桩复合地基的变形包括水泥土搅拌桩复合土层的平均压缩变形 S_1 与桩端下未加固土层的压缩变形 S_2。其中水泥土搅拌桩复合土层的平均压缩变形 S_1 计算采用的是复合模量法，桩端下未加固土层的压缩变形 S_2

37

计算采用的是应力扩散法。计算水泥土搅拌桩复合地基的最终沉降具体过程如下。

水泥土搅拌桩压缩模量 $E_p=80\text{MPa}$，桩长为 10m，桩径 0.5m，桩间距 1.5m，等边三角形布置。土层自上往下为 8m 粉土、2m 粉质黏土、7m 粉土。其压缩模量分别为 $E_{s1}=6.83\text{MPa}$、$E_{s2}=4.82\text{MPa}$、$E_{s3}=7.05\text{MPa}$。上部路堤荷载 $P_0=80\text{kPa}$。取地下 17m 计算复合地基沉降量过程如下。

复合地基置换率：

$$m=\frac{\pi d^2}{2\sqrt{3}\,l^2}=\frac{3.14\times0.5^2}{2\sqrt{3}\times1.5^2}=0.1$$

复合地基加固区土压缩模量加权平均值：

$$E_s=6.4\text{MPa}$$

搅拌桩复合土层压缩模量：

$$E_{cs}=mE_p+(1-m)E_s=14\text{MPa}$$

复合地基加固区沉降：

$$S_1=\sum_{i=1}^{n}\frac{Vp_i}{E_{csi}}H_i=\frac{80}{14}\times10=6\text{cm}$$

下卧层顶面附加应力：

$$P_b=\frac{BP}{B+2h\tan\beta}=80\text{kPa}$$

下卧层沉降：

$$S_2=\varphi_s\sum_{i=1}^{n}\frac{P_b}{E_{si}}(z_i\overline{\alpha}_i-z_{i-1}\overline{\alpha}_{i-1})=\frac{80}{7.05}\times7=8\text{cm}$$

复合地基总沉降：

$$S=S_1+S_2=6+8=14\text{cm}$$

3.2 真空堆载联合预压固结沉降方案

3.2.1 理论计算方法

之所以存在这么多的地基沉降量计算方法，是因为没有一种方法能完美地模拟出地基的变形特性，因此每种方法都有其优点和不足，对常用的地基沉降量计算方法分析如下。

（1）分层总和法

分层总和法是目前地基沉降计算中使用最广泛的方法，路基总沉降为瞬时沉降 S_d、主固结沉降 S_c 及次固结沉降 S_s 之和：

$$S=S_d+S_c+S_s \tag{3-16}$$

由于瞬时沉降和次固结沉降的影响因素较复杂，在实际计算中，总沉降宜采用沉降系数 ξ 与主固结沉降计算：

$$S=\xi S_c \tag{3-17}$$

沉降系数 ξ 为经验系数，与地基条件、荷载强度、加荷速率等因素有关。如采用真空堆载联合预压，其值可取 $0.8\sim0.9$。

主固结沉降计算的基本思路是：将压缩层范围内地基分层，用公式(3-18)计算每一分层的压缩量，然后累加得主固结降量，如式(3-19)所示。

$$\Delta S_i = \frac{e_{1i} - e_{2i}}{1 + e_{1i}} h_i \tag{3-18}$$

$$s = \sum_{i=1}^{n} \Delta s_i \tag{3-19}$$

式中：n——地基沉降计算分层层数；

h_i——地基沉降计算分层第 i 层厚度；

e_{1i}——地基中第 i 层分层中点在自重应力作用下稳定时的孔隙比；

e_{2i}——第 i 层分层中点在自重应力与附加应力共同作用下稳定时的孔隙比。

(2)三向变形计算法

黄文熙考虑了地基土体的空间变形特点，提出采用三轴试验应力应变关系进行沉降计算。假设地基某一微元体上的附加正应力 σ_x、σ_y、σ_z，其应力应变关系遵守弹性模型，记附加应力的和为 $\Theta = \sigma_x + \sigma_y + \sigma_z$，则三向应变条件下的竖向应变为：

$$\varepsilon_z = \frac{1}{E} \left[(1+\mu)\sigma_z - \mu \cdot \Theta \right] \tag{3-20}$$

按弹性理论，由 Θ 引起土的体应变为：

$$\varepsilon_\nu = \frac{1 - 2\mu}{E} \Theta \tag{3-21}$$

而土体孔隙比由 e_1 变为 e_2 引起的土的体应变为：

$$\varepsilon_\nu = \frac{e_1 - e_2}{1 + e_1} \tag{3-22}$$

由式(3-21)、式(3-22)可得：

$$E = (1 - 2\mu) \frac{1 + e_1}{e_1 - e_2} \Theta \tag{3-23}$$

将其代入式(3-20)得：

$$\varepsilon_z = \frac{1}{1 - 2\mu} \left[(1+\mu) \frac{\Delta\sigma_z}{\Theta} - \mu \right] \frac{e_1 - e_2}{1 + e_1} \tag{3-24}$$

(3)应力路径法

1964 年，兰布(T. W. Lambe)提出应力路径法，使试验的应力状态与实际的应力状态尽可能一致，该方法的计算程序可以表述为：首先计算某点的自重应力，并根据弹性理论计算附加应力引起的竖向、水平应力；然后进行三轴试验，土样先在自重应力下固结，再施加附加应力；量取在附加应力作用前(即尚未排水)以及固结后的竖向应变；用量取的两种应变分别计算地基的初始沉降及固结沉降。该方法概念清楚，使人们得以全盘理解土的变形过程。

3.2.2　路基沉降估算

根据建筑地基处理技术规范，预压荷载下地基的最终竖向变形量按分层总和法计算。把真空负压等效成堆载正压计算如下。

真空堆载联合预压法加固软土路基真空负压 $p'=80\text{kPa}$，土层自上往下为 8m 粉土、2m 粉质黏土和 7m 粉土。其压缩模量分别为 $E_{s1}=6.83\text{MPa}$、$E_{s2}=4.82\text{MPa}$、$E_{s3}=7.05\text{MPa}$。上部路堤荷载 $p_0=80\text{kPa}$。取地下 17m 计算复合地基沉降量过程如下。

8m 粉土沉降：

$$S_1=\frac{e_1-e_2}{1+e_1}h_1=\frac{\bar{\sigma_z}}{E_s}h_1=\frac{160}{6.83}\times8=18.7\text{cm}$$

2m 粉质黏土沉降：

$$S_2=\frac{e_1-e_2}{1+e_1}h_2=\frac{\bar{\sigma_z}}{E_s}h_2=\frac{157}{4.82}\times2=6.5\text{cm}$$

7m 粉土沉降：

$$S_3=\frac{e_1-e_2}{1+e_1}h_3=\frac{\bar{\sigma_z}}{E_s}h_3=\frac{149}{7.05}\times7=14.8\text{cm}$$

软土路基总沉降量：
$$S=\zeta(S_1+S_2+S_2)=0.85\times(18.7+6.5+14.8)=34\text{cm}$$

3.3 堆载预压软土路基沉降计算

3.3.1 理论计算方法

路基在试用期间的沉降计算方法根据预压工程的不同特性有所差别。对于预压荷载等于路堤自重的堆载预压法，在进行预压处理后预压荷载并不移除，路基的沉降按一半地基沉降计算方法进行，只要将堆载荷载作为路基受到的附加荷载即可。

在荷载的作用下，地基土体发生变形，地面产生沉降。按地基在荷载作用下发生变形的过程，可以认为地基最终沉降量是由三部分组成，即瞬时沉降 S_d、主固结沉降 S_c 和次固结沉降 S_s，用公式表示为：

$$S=S_d+S_c+S_s \tag{3-25}$$

瞬时沉降是由于土骨架的畸变和土的瞬时压缩产生的；固结沉降是孔隙水被挤出，土骨架产生压缩所引起的沉降；次固结沉降则是由土骨架蠕动变形所引起。对于不同土类，上述各部分沉降所占的比例各不相同：砂类土的初始沉降是主要的，土体剪切变形和排水固结在荷载作用后很快完成；对有机质含量多的土和高塑性黏土，次固结的影响较大，一般的黏土则以固结沉降为主。

沉降的计算方法可分为两大类：一类是基于经典理论并由经验修正的常规法；另一类是数值分析方法。常规法建立在 Terzaghi 等人创立的经典土力学基础上，其中引入了许多简化假定，具有简便、直观、计算参数少且容易取得等优点，因而在工程中得到了广泛应用。采用数值计算方法可以考虑复杂的边界条件，在计算中可采用理论上较为完善的本构模型，但由于本构模型参数的合理选用比较困难、实验室测定参数费用高等缺点，限制了它的广泛应用。本节应用常规计算方法对路堤沉降进行分析。

最为常用的路基沉降计算方法为分层总和法。分层总和法是一类计算方法的总称，它的基本要领是将压缩层范围内的地基土分成若干层,求每一层的压缩量,然后将各分层的压缩量叠加,即得总沉降量。分层总和法的沉降计算公式如下:

$$S = \sum_i^n \Delta S_i = \sum_i^n \varepsilon_i z_i \tag{3-26}$$

式中:ΔS_i——第 i 分层的压缩模量;

ε_i——第 i 分层土的压缩应变;

z_i——第 i 分层土的厚度。

属于分层总和法的有:单向压缩法、规范法、考虑结构性的分段法及黄文熙三维压缩法等。下面利用单向压缩法估算路堤的固结沉降量。

单向压缩曲线法又分为三种方法:

1)e-p 曲线法

根据无侧限试验的条件,式(3-26)可变为:

$$S = \sum_{i=1}^n \frac{e_{1i} - e_{2i}}{1 + e_{1i}} z_i = \sum_{i=1}^n \frac{a_i(p_{2i} - p_{1i})}{1 + e_{1i}} z_i \tag{3-27}$$

式中:　　e_{1i}——根据第 i 层土的自重应力平均值 $\dfrac{\sigma_{0i} - \sigma_{0(i-1)}}{2}$(即 p_{1i}),从土的压缩曲线上得到的相应的孔隙比;

σ_{0i} 和 $\sigma_{0(i-1)}$——第 i 层土底面处和顶面处的自重应力(kPa);

e_{2i}——与第 i 层的自重应力平均值 $\dfrac{\sigma_{0i} + \sigma_{0(i-1)}}{2}$ 和附加应力平均值 $\dfrac{\sigma_{zi} + \sigma_{z(i-1)}}{2}$ 之和(即 p_{2i})相对应的孔隙比;

σ_{zi} 和 $\sigma_{z(i-1)}$——第 i 层土底面处和顶面处的附加应力(kPa)。

应用分层总和法需要确定沉降的计算深度 z_n,按照规范规定,z_n 应满足以下条件:在该深度处向上取按《规范》规定的计算厚度 Δz 所得的沉降量 $\Delta s'$ 不大于 z_n 范围内总的计算沉降量 $s' = \sum_{i=1}^n \Delta s_i'$ 的 2.5%。

2)e-$\lg p$ 曲线法

采用 e-$\lg p$ 曲线时,主固结沉降按地基分正常固结、欠固结及超固结三种情况计算:

(1)正常固结、欠固结条件下

$$S_c = \sum_{i=1}^n \frac{\Delta h_i}{1 + e_{0i}} c_{ci} \lg\left(\frac{p_{0i} + \Delta p_i}{p_{ci}}\right) \tag{3-28}$$

式中:n——地基分层层数;

c_{ci}——土层的压缩指数;

p_{0i}——地基中各分层中点的自重应力;

p_{ci}——前期固结压力,正常固结时 $p_{ci} = p_{0i}$。

(2)超固结条件下

①当 $\Delta p > p_c - p_0$ 时:

$$S_c = \sum_{i=1}^n \frac{\Delta h_i}{1 + e_{0i}}\left[C_{si} \lg\left(\frac{p_{ci}}{p_{0i}}\right) + c_{ci} \lg\left(\frac{p_{0i} + \Delta p_i}{p_{ci}}\right)\right] \tag{3-29}$$

②当 $\Delta p < p_c - p_0$:

$$S_c = \sum_{i=1}^{n} \frac{\Delta h_i}{1+e_{0i}} \left[C_{si} \lg \left(\frac{p_{0i}+\Delta p_i}{p_{ci}} \right) \right] \qquad (3\text{-}30)$$

式中:C_{si}——回弹指数;

其余符号意义同上。

3)压缩模量法

采用压缩模量时,主固结沉降宜按式(3-31)计算:

$$S_c = \sum_{i=1}^{n} \frac{\Delta p_i}{E_{si}} \Delta h_i \qquad (3\text{-}31)$$

式中:E_{si}——压缩模量;

Δp_i——地基中各分层中点的附加应力增量;

Δh_i——分层厚度。

3.3.2 路基沉降估算

路基沉降计算方法同真空堆载联合预压类似,只是在计算总沉降时不需要乘以相应的系数。将堆载荷载作用下地基的最终竖向变形量按分层总和法计算,将路堤堆载作为附加应力进行考虑。

路堤填土荷载 $p_0 = 80\mathrm{kPa}$。土层自上往下为 8m 粉土、2m 粉质黏土、7m 粉土,其压缩模量分别为 $E_{s1} = 6.83\mathrm{MPa}$、$E_{s2} = 4.82\mathrm{MPa}$、$E_{s3} = 7.05\mathrm{MPa}$。取地下17m计算复合地基沉降量,过程如下。

8m 粉土沉降:

$$S_1 = \frac{e_1 - e_2}{1+e_1} h_1 = \frac{\bar{\sigma}_z}{E_s} h_1 = \frac{80}{6.83} \times 8 = 9.37 \,(\mathrm{cm})$$

2m 粉质黏土沉降:

$$S_2 = \frac{e_1 - e_2}{1+e_1} h_2 = \frac{\bar{\sigma}_z}{E_s} h_2 = \frac{67.2}{4.82} \times 2 = 2.79 \,(\mathrm{cm})$$

7m 粉土沉降:

$$S_3 = \frac{e_1 - e_2}{1+e_1} h_3 = \frac{\bar{\sigma}_z}{E_s} h_3 = \frac{63.2}{7.05} \times 7 = 6.28 \,(\mathrm{cm})$$

软土路基总沉降量:

$$S = S_1 + S_2 + S_3 = 9.37 + 2.79 + 6.28 = 18.39 \,(\mathrm{cm})$$

3.4 砂井堆载预压软土路基沉降计算

3.4.1 理论计算方法

对于砂井地基在堆载预压期间的沉降量,可按预压期固结度采用下列公式进行计算。

对于地基平均固结度的计算,由于主要考虑产生径向渗流,因此要采用砂井固结理论计算地基平均固结度。

研究表明,在实用范围内与固结公式 $U=1-\dfrac{8}{\pi^2}\exp\left(-\dfrac{\pi^2}{4}Tv\right)$ 结果相近的打穿竖井地基平均固结度近似计算式为:

$$\overline{U}_{rz} = 1 - \alpha e^{-\beta_{rz}t} \tag{3-32}$$

式中: $\alpha=\dfrac{8}{\pi^2}$;$\beta_{rz}=\beta_r+\beta_z$;$\beta_r=\dfrac{8c_h}{Fd_e^2}$;$\beta_z=\dfrac{\pi^2 c_v}{4H^2}$;$F=F_n+F_s+F_r$,为一综合参数,其中 F_n 反映井径比 n 的影响,可按式(3-33)计算:

$$F_n = \ln n - 0.75 \tag{3-33}$$

F_s 反映了涂抹、扰动影响:

$$F_s = \left(\dfrac{k_h}{k_s}-1\right)\ln s \tag{3-34}$$

F_r 反映了井阻影响,计算式为:

$$F_r = \pi G = \pi \dfrac{k_h}{k_s}\left(\dfrac{H}{d_w}\right)^2 = \dfrac{\pi^2 H^2}{4}\dfrac{k_h}{q_w} \tag{3-35}$$

式中: q_w——竖井的通水量,$q_w = k_w A_w = k_w \dfrac{\pi d_u^2}{4}$。

在实际计算中,尚可略去竖向固结,而用地基的径向平均固结度 $\overline{U}_r$ 近似代替地基的平均固结度 $\overline{U}_{rz}$:

$$\overline{U}_{rz} \approx \overline{U}_r = 1 - e^{-\frac{8}{F}T_h} \tag{3-36}$$

式中: T_h——径向固结时间因子,$T_h=\dfrac{c_h t}{d_e^2}$。

当需计算地基某深度的固结度时,可用汉斯(Hansbo)提出的近似公式:

$$U_r = 1 - e^{-\frac{8}{F_z}T_h} \tag{3-37}$$

式中: $F_z = F_n + F_s + F_r'$;F_r' 按式(3-38)计算:

$$F_r' = \dfrac{4z}{H}\left(2-\dfrac{z}{H}\right)G = \pi z(2H-z)\dfrac{k_h}{q_w} \tag{3-38}$$

3.4.2　路基沉降估算

对于固结度的计算,首先根据公式(3-31)计算路基的最终沉降量,然后按砂井地基固结理论求出水平向平均固结度,将二者相乘最终求得预压期的固结沉降量。

以邢衡高速衡水段一期工程真空堆载联合预压试验段为例,计算 ZK4+720 断面砂井地基土的固结沉降量,按预压时间为 1 年考虑:

渗透系数 $k_1=1.02\times10^{-5}$ cm/s,$k_2=2.48\times10^{-7}$ cm/s,$k_3=7.12\times10^{-6}$ cm/s;压缩系数 $a_{v1}=0.28$,$a_{v2}=0.38$,$a_{v3}=0.24$;孔隙比 $e_1=0.749$,$e_2=0.750$,$e_3=0.710$;水的密度 $\gamma=10$g/cm^3;固结时间 $t=34646400$s;排水板有效影响范围直径 $d_e=2.6\times1.13=2.938$m$=293.8$cm;纵向通水量 $q_w=25$cm^3/s;径向固结时间因子 $T_{h1}=25.57$,$T_{h2}=0.46$,$T_{h3}=20.36$;井径比 $n=d_e/d_w=293.8$cm/7cm$=41.97$;地基土与涂抹区渗透系数之比取 $k_h/k_s=4$;涂抹区直径与等效砂井直径之比,涂抹比 $s=d_s/d_w=2$;排水板长度取 $L=10$m$=1000$cm;e 为自然对数底,取 $e=2.718$。

根据公式(3-32)～式(3-36)计算：

$$F_n = \ln n - 0.75 = 2.987$$

$$F_s = \left(\frac{k_h}{k_s} - 1\right)\ln s = 2.079$$

$$F_{r_1} = \frac{\pi^2 L^2}{4}\frac{k_{h1}}{q_w} = 1.006, F_{r_2} = \frac{\pi^2 L^2}{4}\frac{k_{h2}}{q_w} = 0.024, F_{r_3} = \frac{\pi^2 L^2}{4}\frac{k_{h3}}{q_w} = 0.702$$

$$F_1 = F_n + F_s + F_{r_1} = 6.072, F_2 = F_n + F_s + F_{r_2} = 5.090, F_3 = F_n + F_s + F_{r_3} = 5.768$$

再计算各层土体的平均固结度：

$$\overline{U}_{r_1} = 1 - e^{-\frac{8}{F_1}T_{h1}} \approx 1, \overline{U}_{r_2} = 1 - e^{-\frac{8}{F_2}T_{h2}} \approx 0.513, \overline{U}_{r_3} = 1 - e^{-\frac{8}{F_3}T_{h3}} \approx 1$$

最后将上节各层土体的沉降量乘以相应的固结度，即得到砂井地基土在工后一年的预压期内的固结沉降量。

砂井地的沉降量：

$$S = \overline{U}_{r_1} \cdot S_1 + \overline{U}_{r_2} \cdot S_2 + \overline{U}_{r_3} \cdot S_3 = 1 \times 9.37 + 0.513 \times 2.79 + 1 \times 6.23 = 17.08 (\text{cm})$$

3.5 本章小结

(1)本章主要对水泥土搅拌桩复合地基、真空堆载联合预压法、堆载预压法和砂井堆载预压法四种软基处理方法的沉降计算理论进行了介绍，并基于邢衡高速衡水段一期工程的现场试验段，对四种方法处理路基的沉降进行了估算。

(2)通过对水泥土搅拌桩处理软土路基方法、真空堆载联合预压处理软土路基方法、堆载预压处理软土路基方法和砂井堆载处理软土路基的沉降理论计算方法进行分析，并运用规范法估算出水泥土搅拌桩复合地基最终沉降量为14cm，而真空堆载联合预压处理软土路基沉降量为34cm，堆载预压法的计算沉降量为18.39cm，砂井堆载预压法在工后一年的固结沉降量为17.08cm。

第4章 软土路基FLAC³ᴰ数值模拟分析

4.1 FLAC³ᴰ数值分析原理

4.1.1 FLAC³ᴰ的主要特点

FLAC³ᴰ界面简洁明了,特点鲜明,其使用特征和计算特征在众多数值模拟软件中别具一格。

4.1.1.1 FLAC³ᴰ的使用特征

(1)命令驱动模式

FLAC³ᴰ有两种输入模式:人机交互模式,即从键盘输入各种命令控制软件的运行;命令驱动模式,即写成命令流文件,由文件来控制软件的运行。其中,命令驱动模式为FLAC³ᴰ的主要输入模式,尽管这种驱动方式对于简单问题的分析过于繁杂,对软件初学者而言相对较困难,但对于那些从事大型复杂工程问题分析而言,因涉及多次参数修改、命令调试,这种方式无疑是最有效、最经济的。

(2)专一性

FLAC³ᴰ专为岩土工程力学分析开发,内置丰富的弹、塑性材料本构模型,有静力、动力、蠕变、渗流和温度五种计算模式,各种模式间可以相互耦合,以模拟各种复杂的工程力学行为。FLAC³ᴰ可以模拟多种结构形式,如岩体、土体或其他材料实体如梁、锚元、桩、壳以及人工结构,如支护、衬砌、锚索、岩栓、土工织物、摩擦桩、板桩等。通过设置界面单元,可以模拟节理、断层或虚拟的物理边界等。借助其强大的绘图功能,用户能绘制各种图形和表格。用户可以通过绘制计算时步函数关系曲线来分析、判断体系何时达到平衡与破坏状态,并在瞬态计算或动态计算中进行量化监控,从而通过图形直观地进行各种分析。

(3)开放性

FLAC³ᴰ几乎是一个全开放的系统,为用户提供了广阔的研究平台。通过其独特的命令驱动模式,用户几乎参与了从网格模型的建立、边界条件的设置、参数的调试到计算结果输出等的全部求解过程,自然能更深刻地理解分析的实现过程。利用其内置程序语言FISH用户可以定义新的变量或函数,以适应特殊分析的需要。用户也可以利用有限元软件或其他专业建模工具建立复杂二维模型,导入FLAC³ᴰ,以弥补在建立二维复杂模型等方面的不足。

4.1.1.2 FLAC³ᴰ的计算特征

FLAC³ᴰ采用"混合离散法"来模拟材料的塑性破坏和塑性流动。这种方法比有限元法中通常采用的"离散集成法"更为准确、合理。即使模拟静态系统,也采用动态运动方程进行求解,这使得FLAC³D模拟物理上的不稳定过程不存在数值上的障碍。采用显式差分法求解微分方程,对显式法来说,非线性本构关系和线性本构关系并无算法上的差别,根据已知应变增量,可以很方便地求得应力增量、不平衡力,并跟踪系统的演化过程。此外,由于显式法不形成刚度矩阵,每一时步计算所需内存很小,因而使用较少的内存就可以模拟大量的单元,特别适合于在微机上操作。在大变形问题的求解过程中,由于每一时步变形很小,因此可采用小变形本构关系,将各时步的变形叠加,得到大变形。这就避免了推导并应用大变形本构关系时所遇到的麻烦,也使得它的求解过程与小变形问题一样。

4.1.2　FLAC³D的求解流程

采用FLAC³D进行数值模拟时,必须制定三个基本部分:有限差分网格、本构关系和材料特性、边界和初始条件。网格用来定义分析模型的几何形状,本构关系和与之对应的材料特性用来表征模型在外力作用下的力学响应特性,边界和初始条件则用来定义模型的初始状态。图4-1给出的是FLAC³D的一般求解流程。

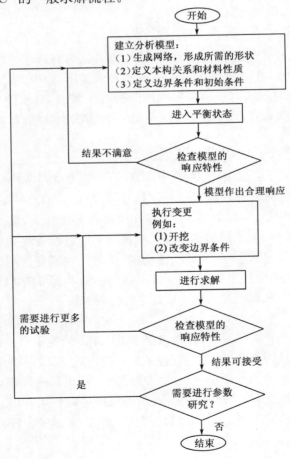

图4-1　FLAC³D的一般求解流程

4.1.3 FLAC³ᴰ的应用范围

FLAC³ᴰ的应用范围拓展到土木建筑、交通、水利、地质、核废料处理、石油及环境工程等领域,成为这些专业领域进行分析和设计不可或缺的工具。其研究范围主要集中在以下几个方面:

(1)岩、土体的渐近破坏和崩塌现象的研究。

(2)岩体中断层结构的影响和加固系统(如喷锚支护等)的模拟研究。

(3)岩、土体材料固结过程的模拟研究。

(4)岩、土体材料流变现象的研究。

(5)岩、土体材料的变形局部化剪切带的演化模拟研究。

(6)岩、土体的动力稳定性分析、土与结构的相互作用分析以及液化现象的研究。

4.2 FLAC³ᴰ计算参数分析

4.2.1 接触面参数计算

水泥土搅拌桩模型建立采用的是圆柱体外环绕放射状网格(Radial Cylinder),参考点数为 12 个点,Size 数和维数都为 4。水泥土搅拌桩与桩间土的接触面采用 interface 单元,它是由一系列三节点的三角形单元构成,接触面单元将三角形面积分配到各个节点中,每个四边形区域面用两个三角形接触面单元来定义,然后在每个接触面单元顶点上自动生成节点,当另外一个网格与接触面单元相连时,接触面节点就产生了。接触面单元、接触面节点以及节点表示面积的示意图如图 4-2 所示。

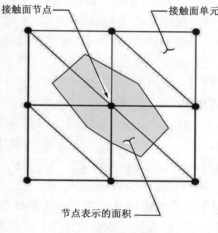

图 4-2 接触面示意图

(1)体积模量和剪切模量

FLAC³ᴰ中采用的岩土变形参数为体积模量和剪切模量,两者可由杨氏模量 E 和泊松比 ν 根据式(4-1)和式(4-2)求出:

$$K = \frac{E}{3(1-2\nu)} \tag{4-1}$$

$$G = \frac{E}{2(1+\nu)} \tag{4-2}$$

(2)法向刚度 k_n 和剪切刚度 k_s

根据手册所讲,法向刚度 k_n 和剪切刚度 k_s 可以取接触面相邻区域"最硬"土层的等效刚度 10 倍。即:

$$k_n = k_s = 10\max\left[\frac{\left(K+\frac{4}{3}G\right)}{\Delta z_{min}}\right] \tag{4-3}$$

式中:Δz_{min}——接触面法向方向上链接区域上最小尺寸。

(3)接触面内摩擦角和黏聚力

Potyondy 和 Acer 等的研究表明,桩土界面之间的摩擦角 φ 是影响摩擦桩的承载力性能的关键因素,对于黏土取 $\varphi/\varphi' = 0.6 \sim 0.7$($\varphi'$ 是桩周土体的有效内摩擦角)是比较合适的。灌注桩的摩擦特性要好于预制桩,所以灌注桩的 φ/φ' 的比值要高于预制桩。通过对一些工程实例的模拟试验进行研究,水泥土搅拌桩因桩土界面比较粗糙,接触面上摩擦性能较好,接触面上的 c、φ 值可以取与桩相邻土层的 c、φ 值的 0.8 倍左右,可以根据现场静荷载试验作适当的调整。

4.2.2　流固耦合参数计算

FLAC³ᴰ可以模拟多孔介质中的流体流动,比如地下水在土体中的渗流问题,FLAC³ᴰ既可以单独进行流体计算,只考虑渗流的作用,也可以将流体计算与力学计算进行耦合,就是常说的流固耦合计算。FLAC³ᴰ在分析含有孔隙水压力的问题时,根据是否设置流体计算,有两种计算模式,分别称为渗流模式和无渗流模式。

①无渗流模式:计算中不设置 CONFIG fluid。

在无渗流模式下,虽然没有设置 CONFIG fluid,但也可以在节点上设置孔隙水压力。只是在这种分析模式下,孔隙水压力保持不变,土体单元的屈服判断由有效应力决定。无渗流模式下的孔隙水压力需用户自行设定,可以通过 INITIAL pp 命令或 WATER table 命令两种方法设置。

②渗流模式:计算中设置 CONFIG fluid。

只要在计算命令中设置 CONFIG fluid,就进入渗流模式,不论渗流计算是否打开(SET fluid on 或 off,默认为 on)。在渗流模式中,可以进行瞬态渗流计算,孔隙水压力的改变随着浸润线的改变而改变,也可以进行有效应力计算和不排水计算,还可以进行完全流固耦合计算。在完全流固耦合情况下,孔隙水压力的改变会产生力学变形,同时体积应变又会导致孔隙水压力的改变。在渗流模式下,单元必须要赋予渗流模型,有以下三种渗流模型可供选择:MODEL fl_isotropic(各向同性渗流模型),MODEL fl_anisotropic(各向异性渗流模型),MODEL fl_null(不透水材料模型)。流体模型设置好以后才能进行流体参数的赋值,否则参数赋值命令不会起作用。流体参数包括单元参数和节点参数,其中单元参数主要包括渗透系数、孔隙率和比奥模量,节点参数主要包括流体模量、饱和度、抗拉强度和密度。

FLAC³ᴰ流固耦合计算中涉及的参数包括渗透系数、密度、Biot 系数和 Biot 模量(颗粒可压缩土体中的渗流),或者流体体积模量和孔隙率(只适用于颗粒不可压缩的土体)。

4.2.2.1　渗透系数

渗透系数是流体计算的主要参数之一,值得注意的是,FLAC³ᴰ中的渗透系数 k 与一般土力学中的概念不同。FLAC³ᴰ中 k 的国际单位是 $m^2/P_a \cdot sec$,k 与土力学中渗透系数 $K(cm/s)$ 之间存在如下换算关系:

$$k(m^2/P_a \cdot sec) = K(cm/s) \times 1.02 \times 10^{-6} \tag{4-4}$$

可见,在 FLAC³ᴰ计算中需要将实验室获得的土体渗透系数参数乘 1.02×10^{-6} 才能用于计算。FLAC³ᴰ流体计算的时间步与渗透系数有关,渗透系数越大,则稳定时间步越小,达到收敛的计算时间就越长。如果模型中含有多种不同的渗透系数时,时间步是由最大的渗透系数决定的。在稳态渗流计算中,可以人为地减小模型中多个渗透系数之间的差异,以提高收敛速度。对于真空堆载联合预压等效渗透系数的计算问题,柴锦春与沈水龙[62]等提出了一种更为直观简洁的方法来估计PVD加固地基的等效竖向渗透系数。有了这个等效渗透系数值,就可以像分析天然地基一样分析PVD加固地基在路堤荷载下的性状并设计PVD的深度、间距等。PVD加固地基的等效竖向渗透系数 k_{ve} 可以用式(4-5)表示:

$$k_{ve} = \left(1 + \frac{k_h}{k_v} \frac{2.5 l^2}{\mu D^2}\right) k_v \tag{4-5}$$

式中:l——排水长度;

D——单元体直径;

k_h、k_v——土层的水平与竖向渗透系数;

μ——参数,用式(4-6)计算:

$$\mu = \ln \frac{n}{s} + \frac{k_h}{k_s} \ln(s) - \frac{3}{4} + \pi \frac{2 l^2 k_h}{3 q_w} \tag{4-6}$$

式中:$n = D/d_w$(d_w 为 PVD 的直径);

$s = d_s/d_w$(d_s 为涂抹区的直径);

k_s——涂抹区的水平渗透系数;

q_w——排水板的排水能力。

4.2.2.2 密度

当问题中涉及重力荷载时,必须设置密度参数。FLAC³ᴰ中涉及的密度参数有三种:土体的干密度 ρ_d、土体的饱和密度 ρ_s 以及流体的密度 ρ_f。所有的密度都是单元变量,默认的密度单位为 kg/m³。在渗流模式(设置 CONFIG fluid)中,只需要设置土体的干密度,FLAC³ᴰ会按照式(4-7)自动计算每个单元的饱和重度:

$$\rho_s = \rho_d + n s \rho_f \tag{4-7}$$

式中:n——孔隙率;

s——饱和度。

4.2.2.3 体积模量

FLAC³ᴰ渗流模式中的体积模量是一个比较复杂的参数,对于不同的情况有不同的模量取值方法,而且体积模量也与渗流计算时间步有很大的关系。

(1)比奥系数和比奥模量

当考虑固体介质的压缩性时,需要用到比奥系数和比奥模量两个参数。

比奥(Biot)系数 α,定义为孔隙压力改变时,单元中流体体积的改变量占该单元本身的体积改变量的比例,可以根据排水试验测得的排水体积模量来确定。比奥系数的取值变化范围为 $3n/(2+n) \sim 1$,n 是土体的孔隙率。FLAC³ᴰ默认土体颗粒不可压缩,比奥系数为 1。

比奥(Biot)模量定义为储水系数的倒数。储水系数是指在体积应变一定的情况下,单位孔隙压力增量引起的单元体积内流体含量的增量。比奥模量 M 可以按式(4-8)进行定义：

$$M = \frac{K_u - K}{\alpha^2} \qquad (4\text{-}8)$$

式中：K_u——介质的不排水体积模量；

K——介质的体积模量。

（2）流体模量

如果分析中不考虑土颗粒的可压缩性，则读者可以使用默认的比奥系数（$\alpha = 1$），并使用由式 $M = K_f/n$ 计算得到的比奥模量，其中 K_f 为流体模量，也可以不使用比奥系数和比奥模量，而直接使用流体的体积模量。

流体的体积模量是表示流体可压缩性的物理量，定义为流体压力增量 ΔP 与 ΔP 作用下引起的流体体积应变 $\Delta V_f/V_f$ 的比：

$$K_f = \frac{\Delta P}{\Delta V_f/V_f} \qquad (4\text{-}9)$$

对于室温下的纯水而言，体积模量为 2×10^9 Pa。在实际的土体中，由于孔隙水含有溶解的空气气泡，使得体积模量有所降低。

4.2.2.4 孔隙率

孔隙率是一个无量纲数，定义为孔隙的体积与土体的总体积的比值。FLAC^{3D}中默认的孔隙率为 0.5，孔隙率的取值范围为 0～1，但是当孔隙率较小（比如小于 0.2）时需要引起注意，因为，流体模量是与 K_f/n 相关，当孔隙率 n 较小时，流体模量会远大于土体材料的模量，这样会使收敛速度变得很慢。这种情况下，可以适当减小流体模量的 K_f 值。

4.3　FLAC^{3D}模型建立及结果分析

4.3.1　水泥土搅拌桩模型建立及结果分析

（1）桩体布置

采用水泥土搅拌桩进行软土路基加固，搅拌桩直径 0.5m，桩间距 1.5m，正三角形布置，处理深度 10m，搅拌桩处治宽度至坡脚外 0.5m。

（2）计算区域确定

该试验段的加固区宽度为 48m，利用结构对称性，取整个地基的一半即 24m 进行研究，计算域宽度取 50m，计算深度取 20m。水泥土搅拌桩试验断面见图 4-3。

（3）模型网格及边界条件

计算网格如图 4-4 所示，模型建立时必须根据结构组成部分的不同特点采用不同的模拟手段。水泥土搅拌桩及桩周土采用圆柱体外环绕放射状网格建立，对桩土界面的模拟则采用 interface 单元用移来移去法建立。边界条件规定如下：左右两边只有垂直沉降，无水平位移；底部为无位移边界；顶面为自由位移边界。

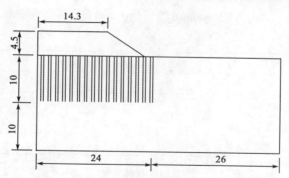

图 4-3 水泥土搅拌桩试验断面图(尺寸单位:m)

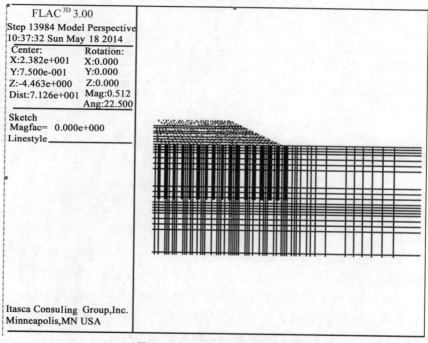

图 4-4 水泥土搅拌桩计算网格图

(4)填土荷载的处理

计算水泥土搅拌桩加固软基处理时,堆载按每 5d 0.5m 加载曲线分级均匀施加上去。加载曲线如图 4-5 所示。

(5)计算参数的选取

在该工程实例中,FLAC³ᴰ所用参数部分来自于该工程的地质勘查报告,部分来自于该工程所做试验数据。此外,一些所需参数勘查报告中未提及,也未做试验,则采用工程经验值:桩体的密度取 2000kg/m³,泊松比取 0.22,弹性模量为 80MPa。砂土采用摩尔库伦模型,粉土和粉质黏土采用蠕变模型,土层参数见

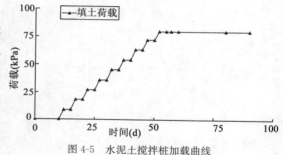

图 4-5 水泥土搅拌桩加载曲线

51

表 4-1,程序计算中其他所涉及的参数见表 4-2 和表 4-3。

土 层 参 数　　　　　　　　　　表 4-1

土　层	厚度(m)	压缩模量 E_{s1-2}(MPa)	泊松比 ν	密度 ρ(kg/m³)	黏聚力 c(kPa)	内摩擦角(°)
粉土	8	6.83	0.3	1900	3.6	22.2
粉质黏土	2	4.82	0.3	2000	25.3	10.6
粉土	7	7.05	0.3	2000	1.2	15.7
中砂	3	22	0.25	2000	0	38

常用参数经验值　　　　　　　　表 4-2

WIPP 符号	A	B	D	n	Q	R	ε_{ss}
单位	—	—	$Pa^{-n}s^{-1}$	—	cal/mol	cal/molK	s^{-1}
经验值	4.56	127	5.79×10^{-36}	4.9	12000	1.987	5.39×10^{-8}

蠕 变 参 数　　　　　　　　　　表 4-3

土　层	体积模量 K(MPa)	剪切模量 G(MPa)	材料参数 k_φ(kPa)	材料参数 q_φ	温度 T(℃)
粉土	5.7	2.7	5	0.5	20
粉质黏土	4	2	30	0.2	20
粉土	5.9	3	3	0.4	20

注：$q_\varphi = \dfrac{6\sin\varphi}{\sqrt{3}(3-\sin\varphi)}$，$k_\varphi = \dfrac{6c\cos\varphi}{\sqrt{3}(3-\sin\varphi)}$。

(6)计算结果分析

①桩土应力比。

路基中心桩土应力比随填土高度变化如图 4-6 所示。从图中可以看出桩土应力比变化规律为：当填土荷载比较小时，桩土应力比 n 随填土荷载的增加基本上呈线性增长，但是当填土荷载增加到某一数值时，桩土应力比的变化幅度开始逐渐减小，n 逐渐趋于稳定。由图可知，最大桩土应力比为 6.8，当路堤填筑到 3m 时 n 趋于稳定。可以看出数值模拟结果与文献[63]的结论也基本上吻合，说明路堤荷载下水泥搅拌桩复合地基中桩与土所承担的应力是处于相互协调的过程。

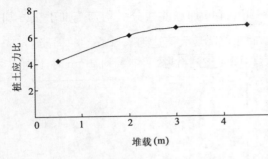

图 4-6　路基中心桩土应力比

②土体沉降和桩体压缩变形。

计算所得各级荷载作用下的路基表面土体沉降剖面图如图 4-7 所示。由图可知，随着荷载的增加，路基沉降量增大。堆载到 4.5m 时，路基中心的沉降最大为 5.4cm，堆载完一年的时间内路基继续沉降，路基中心最大值达到 13.7cm。路堤坡脚沉降量较小，堆载完成一年后沉降为 3.4cm，加固区范围内路堤中心沉降与路堤坡脚的沉降存在着明显的差异，加固区范围外发生土体隆起现象。桩底桩间土(即下卧层)沉降变形剖面曲线如图 4-8 所示，由图可知，堆载到

4.5m时,路基中心下卧层的沉降最大为2.2cm,堆载完一年的时间内路基中心下卧层沉降最大值达到6.9cm。下卧层在填土初期沉降较小,后期沉降较大。加固区沉降量为总沉降量与下卧层沉降量的差值,两图对比分析可知,堆载到4.5m时,路基中心加固区沉降量为3.2cm,堆载完一年的时间内路基中心加固区沉降最大值达到6.8cm。可见下卧层的沉降量比较大,占总沉降量的50%。

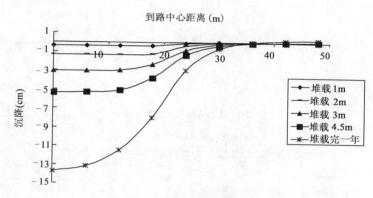

图4-7　路基表面土体沉降剖面图

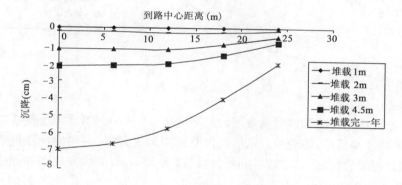

图4-8　桩底桩间土沉降剖面图

计算所得各级荷载作用下的路基表面桩体沉降剖面图如图4-9所示。堆载到4.5m时,路基中心桩体的沉降量为5.2cm,堆载完一年的时间路基中心桩体沉降量最大值达到13.5cm。桩底土沉降变形剖面曲线如图4-10所示,由图可知,堆载到4.5m时,路基中心桩底土的沉降量为2.3cm,堆载完一年的时间内路基中心桩底土沉降最大值达到7.6cm。桩体压缩变形量为路基表面桩体沉降量与桩底土体沉降量的差值,两图对比分析可知,堆载到4.5m时,路基中心桩体压缩量为2.9cm,堆载完一年的时间内路基中心桩体压缩量最大值达到5.9cm。

桩体上刺入量为路基表面桩间土的沉降量与路基表面桩体的沉降量之差。由图4-7和图4-9对比分析可知,堆载到4.5m时,路基中心桩体上刺入量为0.2cm,堆载完一年的时间内路基中心桩体上刺入量为0.2cm,可见桩体基本没有发生上刺入现象。桩体下刺入量为桩底土体的沉降量与桩底桩间土的沉降量之差。由图4-8和图4-10对比分析可知,堆载到4.5m时,路基中心桩体下刺入量为0.1cm,堆载完一年的时间内路基中心桩体下刺入量为0.7cm,可以看出桩体发生下刺入量也不大。

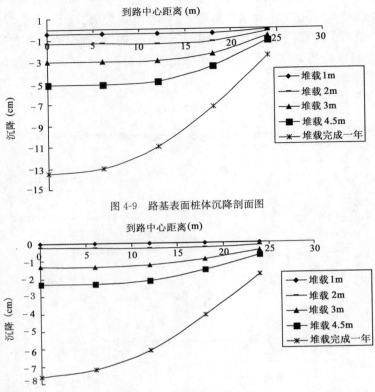

图 4-9　路基表面桩体沉降剖面图

图 4-10　桩底土体沉降剖面图

③路基中心土体沉降。

从路基中心土体沉降随加载时间发展的趋势分析图 4-11 可知,水泥土搅拌桩处理软土路基,堆载前期沉降速率较小,随着堆载的继续沉降速率加大,经过一年的预压期后路基基本稳定。水泥土搅拌桩复合路基路堤堆载期间最终沉降为 5.4cm,堆载完成到加固一年之间的沉降为 8.3cm,总沉降为 13.7cm。

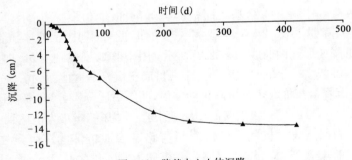

图 4-11　路基中心土体沉降

4.3.2　真空堆载联合预压模型建立及结果分析

(1)排水板布置

为满足路基安全要求,软土路基试验段采用真空堆载联合预压法对软土地基进行加固,

10m 排水板间距为 1.3m,正方形布置。

（2）计算区域确定

该试验段的加固区宽度为 48m,打设塑料排水板,打设深度为 10m 的排水板间距 1.3m。利用结构对称性,取整个地基的一半即 24m 进行研究,计算宽度取 50m,计算深度取 20m,真空堆载联合预压试验断面见图 4-12。

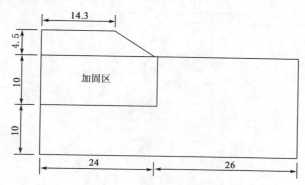

图 4-12　真空堆载联合预压试验断面图(尺寸单位:m)

（3）模型网格及边界条件

计算网格如图 4-13 所示。边界条件规定如下:左右两边为不透水边界,只有垂直沉降,无水平位移;底部为不透水和无位移边界;顶面为自由位移边界,但水流边界条件需要两部分考虑,薄膜以外部分为水头等于零的透水边界,薄膜以内部分为真空度－80kPa 的透水边界。排水板内的真空度根据已有数据作一些简化,假定竖井底真空度为 0,竖井顶部为－80kPa,中间按线性规律变化。

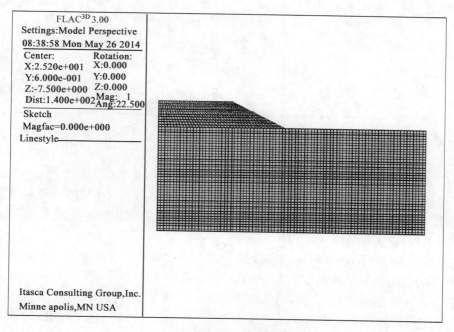

图 4-13　真空堆载联合预压计算网格图

（4）真空及填土荷载的处理

计算真空堆载联合预压时，让加固区表面各点的孔压固定为$-80\mathrm{kPa}$并保持不变。堆载按每5d 0.5m加载曲线分级均匀施加上去。真空堆载联合预压加载曲线如图4-14所示。

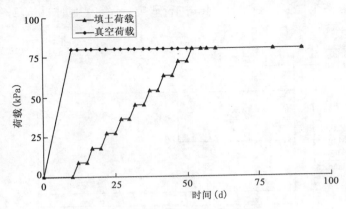

图4-14　真空堆载联合预压加载曲线

（5）计算参数的选取

在该工程实例中，FLAC^{3D}所用参数部分来自于该工程的地质勘查报告，部分来自于该工程所做试验数据。此外，一些所需参数在勘查报告中未提及，也未做试验，则采用了FLAC^{3D}程序中提供的建议值：流体体积模量$M=2\times10^{9}\mathrm{Pa}$，流体密度$\rho=10^{3}\mathrm{kg/m^{3}}$。土体本构关系采用各向同性流体模型，程序计算中其他所涉及的参数见表4-4。

FLAC^{3D}计算参数　　表4-4

土　层	厚度 H(m)	体积模量 K(MPa)	剪切模量 G(MPa)	泊松比 μ	干密度 ρ_{d}(kg/m³)	黏聚力 C(kPa)	内摩擦角 φ(°)	孔隙率 n(%)	等效渗透系数 K(m/s)
粉土	8	5.7	2.7	0.3	1600	3.6	22	40	1.5×10^{-11}
粉质黏土	2	4	2	0.3	1600	25	11	40	1.2×10^{-12}
粉土	7	5.9	3	0.3	1600	1.2	16	40	10^{-12}
中砂	3	18	8.5	0.25	1600	0	38	40	10^{-8}

（6）计算结果分析

①孔隙水压力。

FLAC^{3D}模拟真空堆载联合预压时，塑料排水板打设在网格节点上并通过塑料排水板将负压向下传递，加固区表面最大负压为80kPa，沿着塑料排水板向下传递，负压越来越弱。如图4-15所示为FLAC^{3D}程序模拟孔隙水排出情况，真空堆载联合预压时孔隙水流入排水板，再从排水板流出，符合实际情况。

孔隙水压力是软土路基处理过程中反映土体中应力变化的重要指标。根据比奥固结方程，孔隙水压力的消散与土体的变形是密切相关的，孔隙水压力行程不仅能表示土体固结状态，而且能反映土体的稳定状态。本书采用固定孔压力的方法，地表固定为$-80\mathrm{kPa}$，0m、3m、6m、9m深度处孔隙水压力模拟值变化曲线如图4-16所示。从图中可以看出，孔隙水压力变化随路堤堆载呈现良好的规律。在真空预压加固初期真空压力通过排水板开始向周围土体传播,随着时间的推移,土中的孔隙水由于压力差而开始向排水板中汇集,最终形成水流排出地面,排水板周围土体的孔压逐渐与排水板中孔压平衡达到稳定状态。到膜上填筑时,加固区表面负的孔隙水压力达到最大值,基本上为-80kPa。随着路面填土荷载的增加,土体中的孔隙水压力逐渐增大,这将进一步增大土体与排水板中的孔压差,孔隙水在真空联合堆载作用下从地表排除,因此,土体得到固结。

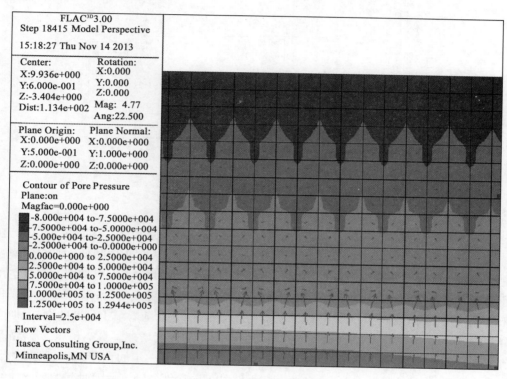

图 4-15 局部放大渗流矢量图

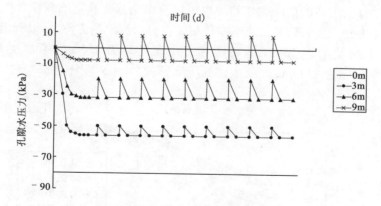

图 4-16 孔隙水压力模拟值

孔隙水压力实测值变化曲线如图 4-17 所示,从图中可以看出,在真空预压初期,土体中的孔隙水压力逐渐减小,当预压 10d 左右时孔隙水压力基本稳定。孔隙水压力在土层深度达到6m 时出现正值,模拟值和实测值存在一定的偏差,是由于数值模拟采用的是固定孔隙水压力的方式,负压传递范围比较大,而实际负孔隙水压力并没有传递到6m以下的范围。当路堤堆载时孔隙水压力上升,增大土体与排水板中的压差,有助于土体中的水排出,使土体得到固结。堆载期间孔隙水压力并没有表现出随堆载增大而增加、随时间而消散的变化规律,原因是观测时间间隔太长,当进行观测时,土体中孔隙水压力已经消散完成。

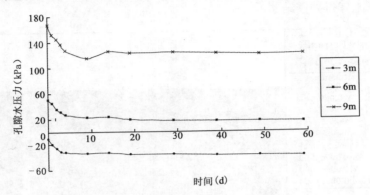

图 4-17 孔隙水压力实测值

②路基沉降。

计算所得各级荷载作用下的路基表面沉降剖面曲线如图4-18所示。由该图可以看出,最大沉降量发生在路基中间,从路中到路边沉降量逐渐减小,沉降表现为中间低、两边高的盆状,主要是加固区边缘受真空度和堆载的影响较小。真空预压10d,堆载0m时加固区在真空预压的作用下发生了较快的沉降,路基中线沉降达到11cm。当开始堆载时,路基在真空堆载联合作用下发生较快沉降,加固区外产生隆起现象,与实际情况一致,随着填土高度的增加,加固区的沉降规律基本不变并继续发展,加固区外地面的隆起高度继续增加。真空预压55d,路基堆载达到4.5m后,加固区内的路基中点沉降达到28.6cm。经过一年的预压期后,路基中点最终沉降为32.9cm。以土层为分界面,各级荷载下路基不同深度处的沉降随时间的变化曲线如图4-19所示。以分层土体的沉降变化趋势也可以看出路基在真空堆载联合作用下发生较快的沉降,经过一年的预压期后路基沉降基本稳定。在分层沉降量方面,可以看出经过一年的预压期,第一层粉土压缩量为15.2cm,粉质黏土层压缩量为4.8cm,第二层粉土沉压缩为10.5cm,中砂层沉压缩为2.4cm。浅层土体的沉降量较大,中砂层土体降量较小,和实际沉降规律相同。

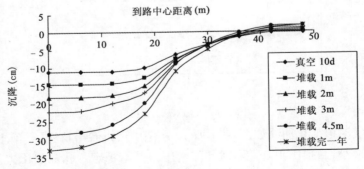

图 4-18 路基表面沉降剖面图

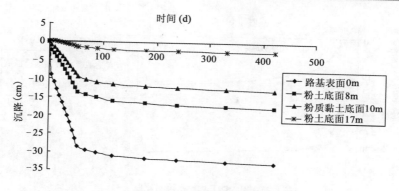

图 4-19　路基中心分层沉降曲线

　　路基中心土体沉降模拟值和现场实测值对比曲线如图 4-20 所示,真空堆载联合预压路基中心模拟计算沉降量与实测值存在一定的偏差,但两者的发展趋势是一致的,都是在堆载时期沉降速率较大,后期逐渐趋于稳定。存在偏差的原因是由于实际工程中,路基填筑 2m 以前的测量数据没有记录,再者受地层厚度均匀程度和土层试验参数的影响所致。实际加载过程与计算的加载过程不可能完全相同,这些也是计算值与实测值存在一定误差的原因所在。但从发展趋势上看,数值模拟还是能很好地体现真空堆载联合预压的实际工况的。

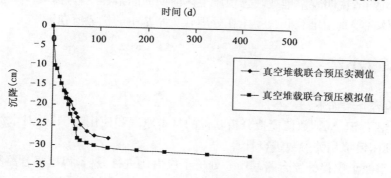

图 4-20　路基中心沉降模拟值和实测值对比曲线

4.4　路基中心表面沉降对比分析

　　沉降是土体的应变指标之一,是加固区域土体固结程度、加固效果和地基强度的重要判别依据。工后监测表明,对于存在软土深度较大、软土性质较差、工期较紧等情况的路段,工后沉降往往不能满足规范要求。本次计算的目的是预测路基的工后沉降,主要针对路基填筑到 4.5m 后 1 年内的工后沉降进行预测,通过对比水泥土搅拌桩和真空堆载联合预压处理软土路基工后沉降,来分析哪一种路基加固方法可以减少工后沉降和缩短工期。由真空堆载联合预压处理软土路基时,路堤填筑到路基设计高程时间较短,而水泥土搅拌桩处理软土路基沉降没有实测值,无法用指数曲线法、双曲线法等经验公式来预测工后沉降,所以本节根据现场实际情况,运用 FLAC³ᴰ有限差分软件进行分析,进一步预测工后沉降。如图 4-21 所示为水泥土搅拌桩和真空堆载联合预压处理软土路基中心沉降比较曲线。

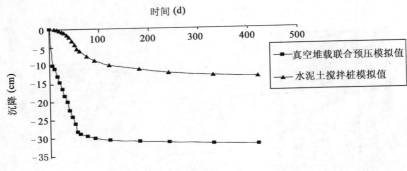

图 4-21 路基中心沉降对比曲线

从图 4-21 中沉降发展的趋势分析可知。水泥土搅拌桩处理软土路基,路基沉降速率随着堆载的进行而加大,路堤堆载到 4.5m 后,路基沉降量继续增加。而路基在真空堆载联合预压作用下,前期的沉降速率较大,沉降量主要集中在填土期间,堆载完成后路基沉降基本稳定。水泥土搅拌桩路堤堆载到 4.5m 时最终沉降为 5.4cm,堆载完成到加固一年之间的沉降为 8.3cm,总沉降为 13.7cm。真空堆载联合预压路堤堆载期间最终沉降为 28.6cm,堆载完成到加固一年之间的沉降为 4.3cm,总沉降为 32.9cm。比较堆载完成到加固一年的沉降量(工后沉降),两者相差 4cm,说明真空堆载联合预压土体前期的固结程度较好,减少了土体后期的固结时间,很好地体现了真空堆载联合预压在处理软土路基中的优势所在。

4.5 本章小结

本章主要内容介绍如下:

(1)本章介绍了 FLAC3D 数值模拟分析软件的基本原理和使用范围,并对水泥土搅拌桩和真空堆载联合预压模拟相关参数进行计算。

(2)本章对水泥土搅拌桩复合路基中心处桩土应力比进行分析,得出复合路基的桩土应力比随堆载的增加而加大,在堆载 3m 左右时桩土应力比趋于稳定。对加固区和下卧层的沉降进行分析,得出下卧层的沉降较大。对桩体压缩变形进行分析,发现桩体压缩变形小于加固区的沉降,桩体发生上下刺入,但刺入量并不大。

(3)本章对真空堆载联合预压处理软土路基的孔隙水压力变化规律进行分析,得出当路堤堆载时,孔隙水压力上升,随时间增长又逐渐消散,孔隙水压力变化随路堤堆载呈现良好的规律。对路基表面沉降和分层沉降进行分析,发现上层土体沉降比较大,下层土体沉降比较小,路基沉降主要发生在堆载期间,堆载到 4.5m 时,路基沉降基本稳定。

(4)通过真空堆载联合预压实测值、真空堆载联合预压模拟值和水泥土搅拌桩模拟值对比分析,得出实测值和模拟值发展趋势一致,数值模拟可以很好地反映工程实际,水泥土搅拌桩复合地基的工后沉降大于真空堆载联合预压路基沉降,真空堆载联合预压土体前期的固结程度较好,减少了土体后期的固结时间,可缩短工期。

第5章　离心模型试验

5.1　离心模型试验的基本原理

5.1.1　离心模型试验基本原理

在常规物理模型试验中,由于重力场均为1g,所以在进行建筑物的结构试验分析时,经常受到建筑物或结构尺寸与试验时间的限制,从而无法预测长时间或者大规模构建的试验分析。离心模型试验中,将试验模型通过一定的比例尺防止到 n 倍的重力场之中,这些问题就可以很大程度地得到解决,利用相似法则来模拟的研究方式去解决实际问题,离心模型技术就是最具有代表性的一种。

离心模型试验就是把模型置于高速旋转的离心机中,使土工模型处于离心力场中,借助离心力的作用来还原结构原型的自重应力。将模型置于 ng 的离心力场中,使模型自重应力加重 n 倍,使得将模型中每个点的自重应力与原型中所对应点的自重应力相等,使模型满足自重应力的相似条件,同时使普通物理模型试验中无法模拟的岩土工程中最主要的受力——自重应力得到比较合理的模拟,从而达到用模型模拟原型的目的。

离心模型的基本原理的正确性是基于以下两个原理:

(1)根据近代相对论的原理,重力场与惯性立场所造成的力的作用是等效的,所以原型承受的重力情况与模型在离心机中所承受的离心力场所造成的力在物理效果上是具有一致性的。

(2)土体的固有性质主要和电磁力相关,而重力和离心力的影响远小于电磁力,故在离心模型试验中,土体的性质不会因为惯性立场的存在而发生什么改变。

5.1.2　离心模型试验相似原理

在用离心试验模拟实际工程的过程中,最先要解决的问题就是原型和模型之间的互相转换,只有在一定的相似理论或相似条件的基础上,才能将模型的设计和参数数据的转换问题有效解决,得到合理的结果。物理量相似指的是原型物理量和模型物理量的比例关系,主要来源于相似三定理:

(1)相似第一定理:在相似系统中,认为相似指标为1,或者相似准则数值相等。这是系统相似的必需条件,也是相似系统的基本性质。

(2)相似第二定理:假设系统共 n 个特征值,而其中的 k 个特征值量纲是互相独立的,则相似准则函数关系有$(n-k)$个。第二定理的基础是对量纲进行分析,在寻求几何中的相似系统的各个物理量之间关系的时候,利用量纲分析转化为无量纲之间的关系式,建立模拟条件。

(3)相似第三定理:对同一类现象,如单值相似,且由单值量所组成的相似准则在数量上是相等的,则可认为现象相似。

第三定理是设计模型的基础,为模型设计提供了现象相似的理论依据。而第一定理与第二定理均是在第三定力假设成立的基础上得出的相似后的性质。

土体的应力应变关系经常使用弹塑性理论进行研究,根据图的弹塑性模型:

$$F(\sigma,\rho,\varphi,g,l,c,f) = 0 \tag{5-1}$$

式中:σ——应力;

$\quad\rho$——土体密度;

$\quad\varphi$——土体内摩擦角;

$\quad g$——重力加速度;

$\quad l$——长度;

$\quad f$——边界应力;

$\quad c$——土体的黏聚力。

按照量纲分析法所组成的无量纲方程为:

$$F = \left(\frac{\rho g l}{c}, \frac{\sigma}{c}, \frac{f}{c}, \varphi\right) = 0 \tag{5-2}$$

根据相似性理论的原则,模型与原型的无量纲量是相同的。可以得到以下公式:

$$\left(\frac{\rho g l}{c}\right)_{\mathrm{m}} = \left(\frac{\rho g l}{c}\right)_{\mathrm{p}}, \left(\frac{\sigma}{c}\right)_{\mathrm{m}} = \left(\frac{\sigma}{c}\right)_{\mathrm{p}}, \left(\frac{f}{c}\right)_{\mathrm{m}} = \left(\frac{f}{c}\right)_{\mathrm{p}}, \varphi_{\mathrm{m}} = \varphi_{\mathrm{p}} \tag{5-3}$$

式中:m——模型量;

$\quad$p——原型量。

要使得模型的性状与原型的相同,即在对应的同一个点处的应力相等,通过量纲相同则相似比相同的要求可以得出:

$$\frac{\rho_{\mathrm{m}} g_{\mathrm{m}} l_{\mathrm{m}}}{\rho_{\mathrm{p}} g_{\mathrm{p}} l_{\mathrm{p}}} = 1, \frac{f_{\mathrm{m}}}{f_{\mathrm{p}}} = 1, \frac{c_{\mathrm{m}}}{c_{\mathrm{p}}} = 1$$

当边界条件与试验材料均相同的时候,可以得出:

$$g_{\mathrm{m}} l_{\mathrm{m}} = g_{\mathrm{p}} l_{\mathrm{p}} \tag{5-4}$$

即可知,在离心机所造成的离心力场的加速度为原型重力加速度的n倍时,模型的尺寸应当缩小至原型的$1/n$。同时,当边界条件与试验材料均相同时,模型中的任意一点的应力与原型相等,应变为原型的$1/n$。

以半无限地基的自重应力模拟情况为例,使研究点的深度为H,地基土的重度为γ,那么土体的自重应力为:$(\sigma_z)_{\mathrm{p}} = \gamma h = \rho g h$。当使用原型材料制作模型且按照$1:n$的比例尺制作并放置在离心力场中时,则相应点的模型自重应力为:$(\sigma_z)_{\mathrm{m}} = \rho a H_{\mathrm{m}} = \rho a H/n$,如果$(\sigma_z)_{\mathrm{p}} = (\sigma_z)_{\mathrm{m}}$,则可推出:$a = ng$,其中$a$为离心力场中的加速度。这就说明了,在半无限地基中,如果离心机产生了n倍于重力加速度的离心力场,就可以使模型与原型在任意一点都可以达到完全相同的应力状态,并且在应变上保持一定的相似关系,保持力学特征的相似。

在太沙基固结理论中，$U = 1 - \beta e^{-\lambda}$，由此可得：$\beta_p = \beta_m$，$\lambda_p = \lambda_m$，而且 $t_p = \dfrac{H_p^2}{c_v} T_v$，$t_m = \left(\dfrac{H_p}{n_v}\right)^2 \dfrac{T_v}{c_v}$。

则两者的比值为：

$$t_m = \left(\frac{H_p}{H_m}\right)^2 t_p = \frac{1}{n^2} t_p \tag{5-5}$$

由上式可以看出，在离心模型试验中，使得模型与原型达到相投的固结程度所需要消耗的固结时间比为 $1/n^2$，即模型试验的运行时间为希望模拟的原型时间的 $1/n^2$。

5.2 离心模型试验中物理量比例尺

除了在上一节中所介绍的相似性原理所造成的模型与原型之间的比例尺关系之外，其他各项参数也应该存在一定的模型与原型的相似性关系，才能保证模型可以完全反映原型的性状，而这种相似关系被称为比例尺关系。离心试验的比例尺关系是通过物理方程和量纲分析确定下来的。而所有的模拟量的比例尺，都可以由三个基本的物理量相似比尺组成，即长度量纲 $[L]$，其比例尺为 $1/n$；应力量纲 $[\sigma]$，其比例尺为 1；加速度量纲 $[a]$，其比例尺为 n。通过量纲分析和物理方程就可以得出其他物理量的比例尺。而在土工离心试验中，经常需要用到的工程问题常见参数比例尺关系已经得到了总结，具体见表5-1。

离心机比例尺对照表 表 5-1

物 理 量	比 例 尺	物 理 量	比 例 尺
加速度	N	黏滞性	1
模型长度	$1/n$	渗透性	N
土密度	1	颗粒摩阻力	1
颗粒尺寸	1	颗粒强度	1
孔隙比	1	黏聚力	1
饱和度	1	压缩性	1
液体密度	1	惯性	$1/n$
表面张力	1	层流	$1/n^2$
毛细管高度	$1/n$	蠕变	1

在土工离心试验所研究的对象中，以较为复杂的物理情况为主，表5-1中所显示的相似比是相对于某一个具体工程而言的。由表可知，在土工离心模型试验中，如果采用原型材料进行建模，在颗粒尺寸上不满足相似比关系，这会导致因尺寸效应而产生误差。但对于黏性土或者砂土，在分析中可以按连续体进行考虑，颗粒尺寸产生的影响不大。另外，后三项均为时间，但它们之间的比例尺却有所不同。如层流的时间比例尺为 $1/n^2$，在研究惯性问题的时候，其时间比例尺为 $1/n$，而研究蠕变过程时的比例尺为 1。因此，在进行一次离心模型试验的过程中，不可能对固结与蠕变、层流与紊流问题同时进行研究，而是应该在具体的实验中根据研究的主要问题来确定实验的具体设计。对于由渗透作用起主要作用的情况，由于模型要体现出原型

内的所有应力,而模型的尺寸为原型的 $1/n$,渗流路径也就为原型的 $1/n$,因此可以得出,超静水压力为原型的 n 倍,所以模型与原型的固结时间比为 $1/n^2$。而离心力场和重力场的时间比为 $1/n$。由此可得,如果离心力场和渗流等情况都有不能被忽略掉的影响的时候,应该谨慎地选取时间比例尺。

5.3　离心模型试验的误差

任何的试验都会产生由其自身的局限性所产生的误差,这种系统误差是不可避免的。而在离心模型试验中,也会产生相应的系统误差,想要将模型上的数据准确地应用在原型上,就必须尽量考虑离心模型的系统误差并对误差进行分析,用一定的方法来平衡或减小系统误差的影响。

5.3.1　离心力场的误差

在离心模型试验中,对于模型和原型的应力一致性是通过离心力场和重力场等效的原理来实现的,而实际的离心力场和重力场还是有所区别的。放置在离心机中的模型,在离心机运行的时候会受到离心力的作用,但在离心机开启之后,随着离心机转速的提高,离心力场并不是像重力场的加速度一样的常数,而是逐渐增加,直到达到预定转速。而随着转动半径的增大,加速度值也会随着增加,其加速度方向是由中心向外的,这与大小相等、方向相同的重力加速度完全不同。在达到预定加速度的时候,可以认为模型箱在平面内做匀速圆周运动。

以常见的水平面旋转的离心力场为例。假设模型顶端距离中心的长度为 L,离心机的角加速度为 a,并且把模型顶部的中点位置设置为坐标原点,x 轴为指向离心机的旋转径向的,y 轴为离心加速度的切线方向,在模型中的任意一点 $P(x,y,z)$ 会受到离心力场和重力场的联合作用。

对模型 x 轴上的任意一点,$r=L+x$,$a=\sqrt{(\omega^2 r)^2+g^2}$,因此 $a=Ng$,$\omega=\sqrt{\dfrac{g}{r}}\sqrt{N^2-1}$。

由上式可以看出,在距离中心距离不同的模型上,各点的加速度会因为角加速度的不同而产生不同,这说明了重力场是均匀力场,而离心机所产生的离心力场是不均匀的立场。

而模型中不在轴线方向上的任意一点:

$$r=\sqrt{(L+x)^2+x^2} \tag{5-6}$$

$$a=\sqrt{(\omega^2 r)^2+g^2} \tag{5-7}$$

式中:g——重力加速度;

　　a——加速度 $\vec{a}$ 与水平方向的夹角。

其合力的方向为:$\tan g/\omega^2 r$。

由此可得,在 ω 和 r 比较大的情况下,a 可以近似地表达为 $a \approx \omega^2 r$,而不会产生明显的误差。

采用条分法对因为离心力场的不均匀分布所造成的误差进行系统的研究后得出结论:

(1)在离心力场不均匀中引起的安全系数误差的是收敛传递的,而且远小于离心力误差。

(2)各项参数的变化对于离心力场的不均匀分布所引起的安全系数误差的影响很小,可以忽略。

5.3.2 模型高度的影响

由于离心力场中的离心力会随着半径的变化而发生变化,而且这个变化不是线性的,而是二次曲线。而离心模型必然存在一定的高度,这就使得模型所受的离心力会由模型顶端到模型底端逐渐变大,所以在进行离心试验的设计时,必须将高度带来的误差考虑在内。

根据相似规律,要确保原型和模型之间的应力情况相似,还是以半无限地基为例,如果原型的高度为 h_p,模型的高度为 h_m,设计 g 值为 n,则可得:

原型中任意一点的土的自重应力为:

$$\sigma_{vp} = \rho g h_p \tag{5-8}$$

模型中任意一点 x 的应力为:

$$\sigma_{vm} = \int_0^x \rho \omega^2 (R_t + x) \mathrm{d}x = \rho \omega^2 x \left(R_t + \frac{x}{2} \right) \tag{5-9}$$

式中: R_t——中心到模型箱顶部的距离,若使得应力偏差最小,则半径应取 $R_e = R_t + z$,其中 z 为设计模型从模型顶端到模型中某点的距离。

则原型应力为:

$$\sigma_{vp} = \rho g n h_m = \omega^2 R_e h_m = \omega^2 (R_t + z) x \tag{5-10}$$

两者之间的差值为:

$$\int_0^{h_m} (\sigma_{vp} - \sigma_{vm}) \mathrm{d}x = \int_0^{h_m} \rho \omega^2 \left[(R_t + z)x - (R_t - \frac{x}{2})x \right] \mathrm{d}x = \rho \omega^2 \left(\frac{z}{2} - \frac{h_m}{6} \right) h_m^2 \tag{5-11}$$

当差值为 0 时,可得:

$$z = 1/3 h_m$$

结合所有的分析结果,以模型中到顶部 1/3 深度的距离来设计设计 g 值就可以使得应力偏差最小。而在偏差最小时,从模型顶部到 2/3 高度的应力偏差和模型底部到 2/3 高度的应力偏差相等,其大小为:

$$E = \frac{1}{2} \frac{1}{\dfrac{3r}{H} - 1} \tag{5-12}$$

5.3.3 离心机加载和卸载引起的误差

由于受到设备功率的影响,在离心试验中,不可能达到在短时间内使得离心力场达到设计 g 值的情况,因此在离心机的加载和卸载过程中难免会需要一定的时间。而在加载和卸载期间,模型将受到切向的加速度影响。所以对于模型试验,试验的加载和卸载时间不能过短,否则会使得切向加速度过大,从而使模型的结构或试验状态发生一定的改变甚至是破坏。反之,如果加载和卸载的时间过长,模型的应力状态也会发生一定的改变。

从启动至达到设计加速度值,在这个过程中原型和模型中所对应点的应力情况并非一致,直到加速度达到设计加速度时,二者才能在任意一点的应力水平上保持一致,加载和卸载过程所导致的两者的应力情况不同,使得模型与原型在反映的特性上会发生一定的偏差。

5.3.4 边界效应的误差

由于设计加速度和模型箱尺寸的限制,在离心模型试验中,对半无限土层,模拟的范围比较有限,而受到模型箱侧壁的摩擦阻力的约束作用,必然会使边界的受力条件和变形条件发生改变。如在地基承载力的试验中,一般要求基础底板的宽度不超过模型箱最小边长的1/5。

在研究平面应变时,要保证模型箱的宽度足够。Malushitsky的研究发现,在距侧壁的8~12cm范围内,由于摩擦阻力的存在,滑动面会有明显的弯曲,只有中间部分的土体位移可以达到最大,且大小相同,符合平面应变的条件。而其他研究表明,模型越宽,边界摩擦的作用越小。

当模型的内径等于5倍的基础直径的时候,边界的摩擦阻力的影响会使得承载力的数值比预计数值高出10%~20%,此时基础边界到内壁的距离与基础直径的比例为1.84。当此值大于2.82时,可以忽略边界效应。

5.3.5 颗粒与几何尺寸的影响

土是松散体,土粒间的互相作用主要是通过土粒之间的接触来传递的,而土与结构物的作用,也是通过土粒和结构物的接触来实现的,在分析和计算的过程中,土体的原型尺寸比土粒的粒径大得多,土的特征满足均匀性或连续性的假设,但在模型试验中,一般采用原状土进行制模,并采取与原型土相同的状态,但在经过比例尺缩小后,结构物的尺寸将仅为原型尺寸的$1/n$,这就减小了其与土粒粒径质检的比例,这样,土粒的不均匀性或者不连续性就很有可能被明显地表现出来,为了避免此类情况的发生,在模型试验时必须考虑可能存在的粒径效应。

Fuglsang与Ovesen在1979年的研究表明,对于直径为1m的基础底板,在土粒的平均粒径小于28mm的时候,即二者的比例大于35时,粒径效应可以得到忽略。但当二者的比值小于15的时候,就会比较明显地表现出粒径效应。而对于条形基础,这个值在25~75即可。南京水科院也对粒径效应进行了一定的研究,他们认为对于浅基础,只要基础直径和土粒的最大粒径之比大于23,粒径效应即可忽略。

对一般的模型材料如黏土,使用原型土制作模型的时候,按照上述的条件制作,粒径效应的影响就会比较小,但对于大粒径的模型制作,就必须按照相似性和土工时间的规定来确定比例尺,来对模型进行处理,这就必然会引起模型和原型质检的物理力学性质明显的差异。所以,要保证两者不会表现出性质上明显差异,又要减小粒径效应所造成的误差,是很值得研究的一个课题。现阶段只能借鉴以往的经验进行试验设计,以求将试验结果的误差降到最小。

5.3.6 科氏加速度的影响

在做匀速圆周运动的离心机所造成的离心力场中,除了存在重力场造成的竖直向下的1g的影响之外,还存在另外一种加速度的影响,即科氏加速度,其计算公式为:

$$a_c = \frac{2\nu}{\omega r}a \tag{5-13}$$

式中：a_c——科氏加速度；

$\quad\quad a$——离心加速度；

$\quad\quad \omega$——角速度；

$\quad\quad r$——质点到中心的距离，另外有 $\nu=\dfrac{\mathrm{d}r}{\mathrm{d}t}$。

由此可得，当 ω 和 r 比较大的时候，引起的误差会比较小，在一般的试验中可以被忽略不计。

5.3.7 数据采集时产生的误差

离心试验的数据采集主要由采集系统、图像系统和各种的传感器来组成。其传导方式主要是使用各种传感器和应变片采集，通过光纤传导到采集系统。常用的传感器主要包括激光位移计、土压力传感器、孔隙水压力传感器等。在离心加速度的影响下，为减少传感器自身对最后取值的影响，在设计时经常将传感器设计得比较小且质量较小，但这样做的同时会导致各个传感器的接触面积较小，所以传感器的安装和埋设都相对比较难以控制，当土体产生一定的变形之后，传感器的位置和校对也将会有不可避免的变化。

而在数据传输过程中，主要采用模拟信号的方式进行传输，但传输信号会受到外界磁场的影响而发生跳动，尤其是在离心机的运行中，电磁场的影响会比较明显，同时，长距离的信号传输也将导致误差的增大。

在试验进行时，所有的传感器都将处于高应力的情况下，所以传感器的精度也将会在应力的影响下产生不可避免的影响，这些影响将取决于传感器本身的设计情况，实际试验的加速度应小于传感器的设计加速度值。

5.4 本章小结

本章研究了离心机的国内外发展情况和土工离心机的主要理论，对离心机的相似性和时间关系进行了解释，并分析了误差来源，从而得到以下结论：

（1）设计时在模型长度上采用 $1/n$ 的比例进行设计。

（2）由于本书研究的主要内容为沉降和渗流，所以在试验时间的计算采用 $1/n^2$ 的比例进行计算。

（3）鉴于本模型的实际情况，各种误差相对较小，可以忽略不计，所以在之后的设计介绍中将不予阐述。

第6章 水泥搅拌桩的离心试验
以及结果分析

6.1 离心模型设计

试验开始之前,应首先进行试验的设计,主要包括模型箱的选择、g值的设计、横截面积的选择、测点位置以及土体成分等方面的设计。

在模型箱的选择上,实验室共提供了5个模型箱进行选择,包括1个二维模型箱和4个大小不等的三维模型箱,所以在试验的设计期间,首先在考虑离心机误差的情况下进行模型箱的选择。

二维模型箱有利于观察在整个路堤断面上的沉降和应力发展情况,其断面尺寸较大,从而可以在制作模型的时候使用比较小的比例尺进行模型设计和制作。该模型箱不仅可以观察整个路堤断面的沉降情况,而且可以观察在加固区域以外部分的沉降情况,所以在此处进行了最优先的验证。但最终没有能够真正地应用到试验中,其原因是多方面的:

(1)考虑到边界效应问题和离心机的排水特点,二维模型箱虽然在整个断面上有比较大的尺寸,但宽度过小,即使是只在最中央的位置进行测量,也无法将所有较大的误差完全排除掉,尤其是边界效应所产生的问题比较严重,经专业软件分析之后不得不采取放弃使用的解决方法。

(2)施工难度过大,虽然使用二维模型可以试用小比例尺,但比例尺的减小会使得搅拌桩的半径较小,经计算,试用二维模型箱的情况下比例尺大约在1:80,在这种比例尺条件下,水泥搅拌桩的桩径约为6mm,不论是机器打孔还是人工打孔都需要很高的精度才可以保证模型制作的质量。而孔间距也将严重地影响模型制作,其原因在于过小的孔间距使得在打孔过程中,对周围孔的挤压将会比较严重,容易出现整个孔的变形。最后就是在邻近模型箱周边的位置会存在制作条件的限制,不论是机器打孔还是人工挖孔,都不能在距离模型箱周围5cm左右位置打出符合实际要求的孔。

(3)二维模型箱由于其宽度的限制,不能放置多组的测点,而单组测点会在离心机排水特点的影响下产生相对比较严重的误差,这种无对比的测点设置不能满足实际试验的需求。

模型箱最终选择了三维模型箱,又由于本试验属于大型的土层试验,过小的模型箱不足以满足实际需要,最终选取尺寸为1320mm×620mm×1200mm的最大三维模型箱进行试验。

由于模型箱尺寸的限制,以及模型制作的难度和准确度的影响,要求桩径在模型箱中的尺寸大于10mm,这就限制了比例尺不能小于1:50,再考虑到模型箱的尺寸,得出本模型无法将整个加固区域进行制作的结论,所以在研究时,仅研究整个加固区域的一半进行试验,然后用截面的对称性来描述整个加固区域断面的沉降和土压力的变化情况。又由于存在边界效应,为将边界效应的影响减小，尤其是对加固区中心位置影响的减小，最终模型的制作采取全部路基加固宽度的三分之二来得到整个路堤宽度的沉降曲线。这样经过计算和研究，模型的比例尺最终选定为 1∶45，所以同时确定了此次模型试验的 g 值为 45g。这个比例尺相对较大，这样，地球所产生的重力加速度的影响就相对增加了。经计算，其对结果的影响不超过 2％，符合试验的精度要求，最终确定了加速度值。

由于边界效应的影响和施工难度的问题，决定在模型箱周边部分不做桩，以平衡边界效应的影响，经过专业软件的计算，最终选取了在模型箱边界 5cm 范围之内不做桩。

实际工程的加固区域宽度为 42m，采用水泥搅拌桩法处理软土地基，水泥搅拌桩为三角形排布，桩间距为 1.5m，桩径为 0.5m，埋深为 12m。整个桩身穿过 3 层土层，最终落在地下水位以下的粉土层中。

由于确定了 g 值为 45g，所以模型中的水泥搅拌桩为三角形排布，根据 $1/n$ 的比例尺可以得出：桩间距 33.3mm，桩径 11.1mm，埋深为 266.7mm，桩身穿过粉土层和黏土层，并深入到地下水位以下的粉土层。

本试验主要研究土压力和沉降情况，但由于现有的试验条件和试验测试仪器的精度等存在问题，土应力传感器只能设置在模型的最底端，中间部分的土应力则会由于土应力传感器无法固定在土层中的相应位置而无法测量。

表面沉降使用的测试仪为激光传感器，其采用极光的反射原理对高度进行测量，这样就限制了其测量的位置只能在模型的表面。在模型内部的应变测量一般采用应变片和光纤等进行。应变片主要用于刚性材料的测量，其测量精度虽然比较高，满足此次试验的需求，但应变片在材料上为刚性材料，总量程相对较小，而土的总应变过大，很可能超过其量程，且应变片的固定方式为粘贴，这种固定方式不能在土中进行，所以应变片无法在本试验中使用。

光纤也可以用来测量刚性试验品的应变，其精度和量程相对于应变片更好，在进行本试验时，笔者曾在使用光纤进行试验测量上进行了一些研究，但最终放弃了试用光纤对土内部的应变进行测量，其主要原因包括以下两个方面：

(1)不做预应力的光纤量程较大，精度不高，主要的固定方式为粘贴，但这点在之前的应变片中已经予以说明了，在土中不可能通过粘贴的方式进行固定，所以不可取。

(2)做预应力的光纤量程会相应减小，精度会提高，其主要的问题在于锚固上，在模型箱中无法达到锚固的要求，且在锚固之后，光纤随土层变形的能力减小，不能证明光纤所测量的数值就是土层的位移，而且不能反映不同位置的不均匀沉降，所以不予使用。

最终确定的应用的测量设备包括 5 个土压力传感器和 5 个激光传感器，用来分别研究两个方向的沉降及土压力曲线。

模型俯视图如图 6-1 所示，模型剖面图如图 6-2 所示。

模型俯视图及仪器布置如图 6-1 所示，模型土层划分如图 6-2 所示。本试验依托于实际工程，所以在土层的选择上也力求达到尽量还原现场的情况，在设计上首先确定了采取 13m 深度的模拟，而现场 13m 以上土层的组成为表层粉土，中间层黏土，底部粉土。其中所夹杂的少量其他类型土层由于其厚度一般不超过 20cm，反映到模型试验中仅为 5mm 左右，且并不是在断面上完全分布的，而是均为部分分布，所以全部舍去。回填土采用现场挖土，其挖土的部分为表层的粉土，所以其性质与表层土一致。

湿地湖泊相软土固结法处理技术与应用

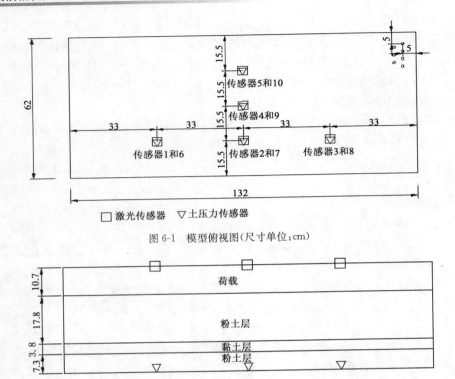

图 6-1 模型俯视图(尺寸单位:cm)

□ 激光传感器　▽ 土压力传感器

图 6-2 模型剖面图(尺寸单位:cm)

所以本模型中的地基土层共包括 3 层。首层土层为含水率较低的粉土层,厚度 178mm,其土层编号为 1。第二层土层为软土层,成分为黏土,厚度 3.8mm,其土层编号为 5。最下层为粉土层,厚度为 73mm,其土层编号为 5—1,本层土为地下水位高度以下的土层,所以其含水率相对较高。各层土的物理力学性质取工程实际土层性质,具体物理和力学性质如下表❶,在地基土层的上部使用粉土制作荷载,模型箱中厚度为 107mm,放坡为 1:1.5❷。

为保证试验的真实性与可靠性,本试验所有用土均采用原状土,在取土过程中尽量不采用接近裸露在外的部分,以减少所取土样的纯度,取土的深度分别为 2m、6m、8.5m 和 10.5m。不同位置的土样最终用于模型中相应的位置上。

由于模型箱一面设置了窗口,从窗口位置可以观察内部情况,为保证试验时可以看到所有土层的情况,在模型箱的底部放置了铁架台,使得土层的最底部与模型箱上玻璃面的最底部平行。铁架台采用 20mm 厚度钢板制成,下部采用了一些复杂的支撑模式,可加强其刚度,减小其变形能力,尽量消除掉在离心试验进行时铁架台的变形。如图 6-3、图 6-4 所示。模型土层物理力学指标如表 6-1 所示。

---

❶ 表格中的各项数据由现场打孔取土进行试验所得,在试验段区间内共取五个探孔,每个探孔均为多次多深度取土,并对所有探孔和深度的土样试验后,采用统计方式,对土层进行分类,所有数据均采用 spss 软件进行统计,并计算出每个参数相应的标准值作为本表的最终结果。

❷ 由于现场采用原土回填,所以本层土的各项物理力学参数与第二层土相同,具体参数请见表 3-1 中土层编号 1。

图 6-3　底部铁架台

图 6-4　模型箱侧边的窗口

模型土层物理力学指标

表 6-1

土层编号	土层深度(m)	含水率 ω(%)	重度 γ(kN/m³)	密度 ρ(g/cm³)	干密度 ρ_d(g/cm³)	相对密度 G	饱和度 S_r(%)	孔隙率 n(%)	孔隙比 e
1	0～8	12.2	18.22	1.86	1.55	2.70	73.33	42.50	0.749
5	8～9.7	32.8	19.28	1.97	1.56	2.72	96	42.54	0.750
5—1	9.7～15	23.58	19.12	1.95	1.58	2.70	89.83	41.50	0.710

土层编号	土层深度(m)	塑性(100g)			液性指数 I_L	塑性(76g)			液性指数 I_L
		液限 ω_L(%)	塑限 ω_P(%)	塑性指数 I_p		液限 ω_L(%)	塑限 ω_P(%)	塑性指数 I_p	
1	0～8	29.43	17.40	12.03	0.21	26.02	17.40	8.62	0.31
5	8～9.7	41.24	21.01	20.23	0.26	33.93	21.01	12.92	0.40
5—1	9.7～15	32.2	18.72	13.48	0.37	27.87	18.72	9.15	0.54

土层编号	土层深度(m)	压缩系数 a_{v1-2}(MPa⁻¹)	压缩模量 E_{s1-2}(MPa)	抗剪强度(快剪)		渗透系数 K_{20}(cm/s)
				黏聚力 c(kPa)	内摩擦角 φ(°)	
1	0～8	0.28	6.83	3.6	22.2	9.41×10⁻⁶
5	8～9.7	0.38	4.82	25.3	10.6	2.48×10⁻⁷
5—1	9.7～15	0.22	8.78	1.2	15.7	7.12×10⁻⁶

　　离心机在运行时,会使得模型中的水发生变化,表层的水会由于土体的变形速度过快而渗透系数不够的原因向上运动,而中下部分的土体会因为离心机加速度的作用向下运动,这就使得其排水的模式与实际工程的模式产成了差别。所以在试验模型制作时,在模型底部设置密封,以保证在离心试验进行时土层中的水不经由底部流失。

6.2 离心模型的制作

6.2.1 土层制作

对每袋土均取 5 次土样在烘干机中进行烘干,从而得出试样的含水率,取标准值作为此袋土的含水率,再用所需含水率来确定配置时土和水的比例,利用搅拌机进行充分搅拌,确保每次搅拌土的总量不超过 25kg,且每次搅拌超过 5min。将不同土层自下而上分别夯实入模型箱,根据模型箱尺寸和土层高度计算所需要的土样质量,再将配置好的所需质量的土样夯实到给定高度,从而使得土层密度与原型一致。为控制施工质量,减少因夯实造成的不均匀沉降,本模型制作时每次夯实的土层厚度不超过 5cm,并且记录各部分夯实次数,尽量减少密度的不均匀。为保证土体含水率,模型制作时所有土体均为现制现用,并保持室内温度和湿度,以减少制作时水分的蒸发。在层间土夯实过程中,笔者采用了一些特殊方法,以减少土层间在夯实过程中出现的水和土粒的上浮,由于激光测试仪不能测试不同土层的层沉降情况,为观察分层沉降,还在土层之间埋入多条反光纸❶,并在开窗部分制作网格,以便大致观察分层沉降。如图 6-5~图 6-17 所示。

图 6-5　试验所用烘干箱

图 6-6　试验所用搅拌器

图 6-7　表层土的配制

图 6-8　底层土的配置

❶ 经测试,在反光纸反光面经过处理的情况下,在土层发生位移过程中,反光纸完全跟随所在土层进行移动,所以由反光纸所判断的涂层位置变化相对准确。

图 6-9　底层土的夯实

图 6-10　黏土层的夯实

图 6-11　夯实结束的底层土

图 6-12　配置结束的黏土

图 6-13　搅拌机的使用

图 6-14　黏土层的夯实

图 6-15　夯实中的表层土

图 6-16　夯实过程中的反光纸

图 6-17　灯光下的反光纸

6.2.2　桩的制作

　　实际工程中,水泥搅拌桩是使用打桩机在打孔的过程中将水泥浆混入土中所制成的,由于试验模型较小,孔间距较近,在使用钻头打孔的时候会存在无法保证打孔垂直的情况,而且采用钻头打孔不能在打孔的同时取出土,这就使周边的土体产生严重的挤压变形,从而使得试验结果不准确。由于不能取出土样,也无法直接在土中混合水泥浆,所以无法在制作模型时使用机械打孔。本试验采用人工打孔,笔者制作了一种小型打孔工具,如图 6-18 所示。模型打孔及注浆制桩过程见图 6-19～图 6-24。这种类似于洛阳铲的工具为中空的,而且在底部设置开口,所以可以在打孔时将孔中的土取出,并在打孔的时候上面挂重锤,用来保证每个桩的竖直打入。为保证孔的精确度,减少对周围土的挤压变形,每次向下打孔的深度不超过 5cm,即开口位置的高度;而且在制作洛阳铲的时候采用壁厚较薄的金属管,并在前端发生变形之后立即停止使用,予以更换。将取出的土密封放置,保证其含水率不发生改变,使用强度为 C40 的普通硅酸盐水泥,调配水灰比为 0.5 的水泥浆,经计算按照每立方米土中 220kg 水泥对取出的土加入水泥浆,充分搅拌后将其迅速灌入孔中并夯实,养护 7d 之后即可。

　　模型打孔及注浆制桩过程见图 6-19～图 6-24。

图 6-18 简易洛阳铲照片

图 6-19 成孔图片

图 6-20 制作打孔时的图片

图 6-21 配置的水泥土材料

图 6-22 制桩过程

图 6-23 完成的水泥土桩

图 6-24 打孔图片

在打孔时,首先采用大型的钢尺定位,排除掉不做桩的 5cm 范围,之后画线,将竖排桩和横排桩之间的间距确定,试用直尺在土的表面画出横线,其中的交点部分即为需要打孔的位置。在所有的位置上设置大头钉,然后在大头钉的部位进行打孔作业。

养护结束之后进行堆载,由于离心试验在进行之中无法进行模型制作,所以对于水泥搅拌桩试验来说,无法完成在试验进行过程中的堆载,所以不能测量工期的沉降情况,仅能得到出工后沉降情况。堆载采用原状土中的表层土,采用小型的夯实工具进行夯实(图 6-25),以减小对下部结构的破坏。夯实要确定表面部分的平整,以便在试验结束后观察裂缝情况,从而了解不均匀沉降。边坡部分要没有剩余土渣,以便在试验中和试验结束后观察是否发生了塌坡等情况。

6.2.3　仪器测试

监测设备安装见图 6-26～图 6-28。测试仪器布置详见图 6-1 和图 6-2,在试验箱底部设置 5 个土压力传感器,分别测试道路横断面和纵断面的土压力变化。在路基加固平面上设置 3 个笔者自制的多点位移计,用以观测在加载和夯实顶层土时下层土的沉降情况;在试验箱顶部设置 5 个激光位移计,以观测最顶部土的沉降情况;在开窗侧面和顶部分别设置摄像头,以观测分层沉降情况和表层可能的不均匀沉降造成的裂缝情况。

图 6-25　夯实表层土

图 6-26　土应力传感器线

图 6-27　仪器安装

图 6-28　离心机接线

土压力传感器的安装已经在底部设置,所以不再赘述,仅在上部接线即可。而激光传感器的安装则是在模型箱的上部安装钢架,将传感器固定在钢架上,并将激光所指的位置固定在需要测量的点上,再将所有上部接线和离心机上已有的通道接好。

完成以上工作之后,进行吊装和质心测量。首先在吊装模型箱的一段画出重心线,再在吊装模型箱的另一端画出另一条重心线,两线的交点位置即为质心位置,根据质心位置算出转轴。之后将已经算好质心的模型箱吊装入离心机的模型端,将所有接线接好。

然后进行离心机的配重,两端重心位置的不同会造成中轴部分受到过大的剪应力,使得离心机可能出现大型事故,所以配重就成了整个试验中确保安全性的最直接因素。

离心机配重设备及安装见图6-29、图6-30。配重是为了让离心机转臂两边的工作斗和配重斗在摆平状态下保持静平衡,即在离心机旋转时,转臂两边的离心力相等。由于空载配重斗与空载工作斗平衡,因此配重时仅考虑需添加的配重块与模型之间的平衡。

图 6-29　配重照片(一)

图 6-30　配重照片(二)

$$G_p\omega^2 R_p = G_m\omega^2 R_m \qquad (6\text{-}1)$$

式中:G_p——配重块的质量(kg);

$\quad R_p$——配重块重心到转轴中心的旋转半径(mm);

$\quad G_m$——模型质量(kg);

$\quad R_m$——模型重心到转轴中心的旋转半径(mm)。

$$G_p = kh_p, \quad R_p = D_p - \frac{h_p}{2} \qquad (6\text{-}2)$$

式中:k——单位厚度配重块的厚度(mm);

$\quad h_p$——配重块的厚度(mm);

$\quad D_p$——配重箱上底面距离转轴中心的距离(mm)。

$$G_m = G_z - G_x, \quad R_m = D_m - h_1 - h_2 \qquad (6\text{-}3)$$

式中:G_z——模型制作完毕后模型箱总的质量(含模型及附属设备的质量,kg);

$\quad G_x$——模型箱体自重(kg);

$\quad D_m$——离心机半径(mm);

$\quad h_1$——模型箱体底板厚(mm);

$\quad h_2$——模型重心至模型底面距离(mm)。

$$h_2 = \frac{\sum G_i h_i}{\sum G_i} \qquad (6\text{-}4)$$

由此可得:

$$kh_p\left(D_p - \frac{h_p}{2}\right) = L \tag{6-5}$$

因此,有:

$$h_p = \frac{kD_p - \sqrt{(kD_p)^2 - 2KL}}{k} \tag{6-6}$$

6.3 离心固结

在离心机固结时,使用 45g 的离心加速度模拟实际工程两年内的沉降情况,试验状态为不排水固结。各个传感器的取值频率均为 1 个/s,以保证数据的质量和可靠性。离心机运转经过 8 小时 40 分钟后停止工作❶。离心试验过程控制室及试验过程监测如图 6-31、图 6-32 所示。

图 6-31 试验室的监控图像

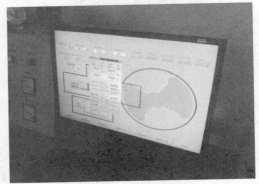

图 6-32 电脑监控图像

6.4 沉降结果及分析

6.4.1 加固区中心位置的表面沉降

如图 6-1 所示,测点 1、测点 2 和测点 3 的位置均为加固区域的中心部分。其沉降曲线比较如图 6-33 所示,各测点的最终沉降值如表 6-2 所示❷。

激光传感器定时间的沉降值   表 6-2

时间(d)	激光 1 沉降(mm)	激光 2 沉降(mm)	激光 3 沉降(mm)
90	−181.704	−172.759	−176.531
500	−197.899	−193.845	−195.372
720	−200.948	−200.685	−200.417

❶ 不包括离心机开始和停止所需时间。

❷ 本试验运行时间长,总数据量大,所以本书中所有曲线均采用相隔取点,经计算,每 43 个点为实际 1 天长度,所以采用每 43 点取一点的方法,取点时采用与此点相邻的 10 个点的标准值,并去除由于电压或信号不稳定所造成的误差点,而后期由于变化较小,采用每 430 个点取一点画图,为实际 10 天长度,取点依然采用相邻 10 点的标准值。

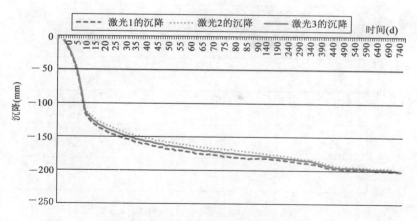

图 6-33　加固区中心纵断面沉降的比较

由图 6-33 可得,三个测点所得数据基本趋势相同。三个测点的起始的沉降曲线几乎完全重合,而在中间部分出现较小程度的不均匀沉降。不均匀沉降最大不超过 10mm,最终沉降值均为 200mm 左右,其相差不超过 1mm,所以可以认为这三个测点的沉降趋势一致,试验中加固区域中心位置的沉降情况为均匀沉降。

对于沉降速率,前 15 天的沉降发展最快,而前 15～90 天的沉降发展也比较明显。其中,前 15 天沉降量超过总沉降一半,平均每天沉降量超过 5mm,15～90 天时,平均每天沉降量接近 1mm;而后期沉降比较缓慢,每日沉降量逐渐减小,曲线趋于水平线,尤其在 500 天以后,平均每日沉降量约为 0.002mm,土的固结速率已经非常缓慢。

6.4.2　沿横断面的表面沉降

由模型布置图 6-1 可知,测点 2、测点 4 和测点 5 测表面沉降为路堤宽度方向沉降。其沉降曲线比较如图 6-34 所示,其最终沉降值比较如表 6-3❶ 所示。

激光传感器定时间的沉降值　　　　　　　　　　　　表 6-3

时间(d)	激光 2 沉降(mm)	激光 4 沉降(mm)	激光 5 沉降(mm)
90	−172.759	−150.333	−149.126
500	−193.845	−169.265	−162.696
720	−200.685	−180.215	−170.629

由图 6-34 可得,三个测点沉降曲线有一定差异,其中测点 2 沉降发展较快,而测点 4 和测点 5 沉降发展较慢,其中测点 4 的沉降发展略快于测点 5。在沉降过程中,加固区中心的沉降在最初阶段就开始大于其他位置,并在整个时期持续增加其不均匀沉降的程度,而测点 4 和测点 5 的沉降在开始阶段比较一致,但在后期产生了少量的差值。由表 6-3 可得,测点 2,测点 4 和测点 5 的最终沉降,整个断面由中心开始向外沉降逐渐减少。

---

❶ 由于边界效应的影响,本试验不对加固区域边缘位置沉降进行测量,而是选择只对路堤上部的沉降情况进行研究。

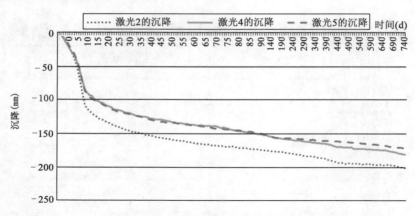

图 6-34　加固区横断面沉降的比较

对于沉降速率，三个测点的发展是比较一致的。前 90 天沉降发展比较明显。其中，三个测点前 15 天沉降量超过总沉降一半，测点 2 平均每天沉降量超过 5mm；15～90 天时，平均每天沉降量接近 1mm；而各测点后期沉降比较缓慢，每日沉降量逐渐减小，曲线趋于水平线，尤其在 500 天以后，平均每日沉降量约为 0.002mm，土的固结速率已经非常缓慢。测点 4 和测点 5 除在前 15 天平均每天沉降量比测点 2 较小之外，后期沉降情况与测点 2 基本相同。

由于试验条件限制，笔者所制作的分层沉降仪仅能测量路基表面沉降，且测量数据为施工期的最终沉降值和工后沉降曲线，由于对整体影响较小，故仅给出最终沉降供参考。由于工期夯实所造成的下层土沉降约为 2.5mm，试验过程中所造成沉降为 12mm 左右，在表面沉降的所有数据中已排除路基影响。

由反光纸所制成的侧部观测分层沉降的装置，由于最终模型总沉降量过小，在测量反光纸移动时测量误差率较大，所以结果不予使用。

6.5　土压力曲线

6.5.1　加固区中心位置的表面沉降

由图 6-1 可知，土压力计 6、土压力计 7 和土压力计 8 分别测量加固区域中心位置的土压力变化情况。其土压力变化曲线比较如图 6-35 所示，最终土压力值和土压力最终变化值如表 6-4 所示。

表 6-4

土压力计定时间的土压力值

时间 (d)	土压力 6 (MPa)	土压力 7 (MPa)	土压力 8 (MPa)
90	0.169359958	0.169587897	0.169473928
500	0.169553669	0.169918257	0.169735963
720	0.170066981	0.170399997	0.170233489

从图 6-35 可得，三个测点的土压力变化曲线基本一致；由表 6-4 可得，三个测点的最终土压力值和最终土压力变化值基本相等，所以可以认为加固区域中心位置的土压力变化基本一致。

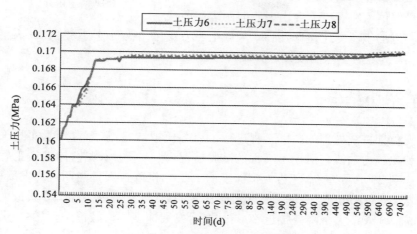

图 6-35　加固区中心纵断面土压力的比较

对于土压变化速率,三个土压力计前 30 天内土压力变化比较明显,其中前 15 天土压变化超过整体变化的 75%,之后整体曲线接近直线。

6.5.2　沿横断面的土压力变化

由图 6-1 可知,土压力计 7、土压力计 9、土压力计 10 分别测量路堤宽度方向的土压力情况。其土压力变化曲线比较如图 6-36 所示,最终土压力值和土压力最终变化值如表 6-5 所示。

土压力传感器定时间的土压力值　　　　　　　　　　　　表 6-5

时间(d)	土压力 7(MPa)	土压力 9(MPa)	土压力 10(MPa)
90	0.169587897	0.166405026	0.163222155
500	0.169918257	0.167386118	0.164853981
720	0.170399997	0.167695988	0.164991984

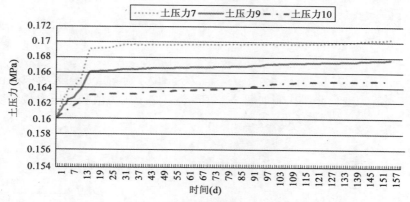

图 6-36　加固区模断面土压力的比较

从图 6-36 可得,三个测点的土压力变化曲线基本一致,但变化发展快慢有所不同,其中测点 7 发展最快,测点 10 发展最慢。由表 6-4 可得,三个测点最终土压力值和最终土压力变化值有所差异,最终土压力变化值和最终土压力值均为测点 7 最大,测点 10 最小,所以可以认为土压力变化和最终值沿路宽度方向由中心向两边逐渐减小。

对于三个测点的土压变化速率,前 30 天内土压力变化比较明显,其中前 15 天土压变化超过整体变化的 75%,之后整体曲线接近直线。

6.6　本章小结

本章对水泥搅拌桩法处理的实际工程进行了离心模拟试验,从而得到了实际工程在两年内的沉降曲线和土压力曲线。对于本工程的试验情况,路基采用水泥搅拌桩法工后两年所得结果最终沉降达到 200mm 左右,超过模拟深度的 1.5%,沉降过大且初期沉降发展过快,三个月内主要沉降均超过 150mm。路基不均匀沉降比较明显,且发展过快,前 15 天最大沉降差已经超过 15mm,前 90 天最大沉降差接近 20mm,之后发展速度逐渐减慢,至最终最大沉降差为 30mm 左右,对高速公路的实际使用影响较大。

第7章　真空堆载联合预压的离心试验以及结果分析

7.1　离心模型设计

试验开始之前,应首先进行试验的设计,主要包括模型箱的选择、g 值的设计、横截面积的选择、测点位置以及土体成分等方面的设计。

在模型箱的选择上,实验室共提供了包括 1 个二维模型箱和 4 个大小不等的三维模型箱供选择,所以在试验的设计期间,首先根据离心机误差情况进行模型箱选择。

二维模型箱有利于观察在整个路堤断面上的沉降和应力发展情况,其断面尺寸较大,从而可以使用比较小的比例尺进行模型的设计和制作,不仅可以观察整个路堤断面的沉降情况,而且可以观察在加固区域以外部分的沉降情况,所以在此处进行了最优先的验证。但二维模型最终没有能够真正地应用到试验中,其原因是多方面的:

(1)考虑到边界效应问题和离心机的排水特点,二维模型箱虽然在整个断面上有比较大的尺寸,但宽度过小,即使是只在最中央的位置进行测量,也无法将所有的较大误差完全排除掉,尤其是边界效应所产生的问题比较严重,经专业软件分析之后不得不放弃。

(2)施工难度过大,虽然使用二维模型可以试用小比例尺,但比例尺的减小会使得搅拌桩的半径较小,经计算,在 1∶80 这种比例尺条件下,水泥搅拌桩的桩径约为 6mm,不论是机器打孔还是人工打孔都需要很高的精度才可以保证模型制作的质量。而孔间距也将严重地影响模型制作,其原因在于过小的孔间距使得在打孔过程中,对周围孔的挤压将会比较严重,容易出现整个孔的变形。最后就是在临近模型箱周边的位置会存在制作条件的限制,不论是机器打孔还是人工挖孔都不能在距离模型箱周围 5cm 左右位置打出符合实际要求的孔。

(3)二维模型箱由于其宽度的限制,不能放置多组测点,而单组测点会在离心机排水特点的影响下产生相对比较严重的误差,这种无对比的测点设置不能满足实际试验的需求。

模型箱最终选择了三维模型箱,又由于本试验属于大型的土层试验,过小的模型箱不足以满足实际需要,最终选取尺寸为 1320mm×620mm×1200mm 的最大三维模型箱进行试验。

由于模型箱尺寸的限制和模型制作的难度和准确度的影响,要求桩径在模型箱中的尺寸大于 10mm,这就限制了比例尺不能小于 1∶50。再考虑到模型箱的尺寸,得出本模型无法将整个加固区域进行制作的结论,所以在研究时,仅研究整个加固区域的一半,然后用截面的对称性来描述整个加固区域断面的沉降和土压力的变化情况。又由于存在边界效应,为将边界效应的影响减小,尤其是对加固区中心位置影响的减小,最终模型的制作采取全部路基加固宽度的 2/3 来得到整个路堤宽度的沉降曲线。这样经过计算和研究,模型的比例尺最终选定为 1∶45,所以同时确定了此次模型试验的 g 值为 45g。这个比例尺相对较大,这样,地球所产生的重力加速度的影响就相对增加了。经计算,其对结果的影响不超过 2%,符合试验的精度要求,最终确定了加速度值。

由于边界效应的影响和施工难度的问题,决定在模型箱周边部分不做排水板,以平衡边界效应的影响,经过专业软件的计算,最终决定在模型箱边界 5cm 范围之内不做桩。

实际工程的加固区域宽度为 42m,真空堆载联合预压法处理软土地基,排水板为平行排布,板间距为 2.6m,桩径为 0.1m,埋深为 10.5m。整个排水板穿过 3 层土层,最终落在地下水位以下的粉土层中。(这个是改进后的施工方案)

由于确定了 g 值为 $45g$,所以模型中的排水板为平行排布,根据 $1/n$ 的比例尺可以得出:板间距 57.7mm,排水板径 2.2mm,埋深为 233.3mm,桩身穿过粉土层和黏土层,并深入到地下水位以下的粉土层。但由于 2.2mm 的排水板不论是在制作还是施工上都不可能实现,故在本试验中加大了排水板的宽度,采用了 8mm 宽排水板,虽然不能达到完全的还原现场,但排水板在效果上的表现和实际工程的结果是比较一致的。

本试验主要研究土压力和沉降情况,但由于现有的试验条件和试验测试仪器的精度等存在问题,土应力传感器只能设置在模型的最底端,中间部分的土应力则会由于土应力传感器无法固定在土层中的相应位置而无法测量。

表面沉降使用的测试仪为激光传感器,其采用极光的反射原理对高度进行测量,这样就限制了其测量的位置只能在模型的表面。在模型内部的应变测量一般采用应变片和光纤等进行测量,应变片主要用于刚性材料的测量,其测量精度虽然比较高,满足此次试验的需求,但应变片在材料上为刚性材料,总量程相对较小,而土的总应变过大,很可能超过其量程,且应变片的固定方式为粘贴,这种固定方式不能在土中进行,所以应变片无法在本试验中使用。

光纤也可以用来测量刚性试验品的应变,其精度和量程相比于应变片更好,在进行本试验时,笔者曾在使用光纤进行试验测量上进行了一些研究,但最终放弃了试用光纤对土内部的应变进行测量,其主要原因包括以下两个方面:

(1)不做预应力的光纤量程较大,精度不高,主要的固定方式为粘贴,但这点在之前的应变片中已经予以说明了,在土中不可能通过粘贴的方式进行固定,所以不可取。

(2)做预应力的光纤量程会相应减小,精度会提高,其主要的问题在于锚固上,在模型箱中无法达到锚固的要求,切在锚固之后,光纤随土层变形的能力减小,不能证明光纤所测量的数值就是土层的位移,而且不能反映不同位置的不均匀沉降,所以不予使用。

最终确定的应用的测量设备包括 5 个土压力传感器和 5 个激光传感器,用来分别研究两个方向的沉降及土压力曲线。

为保证试验的真实性与可靠性,本试验所有用土均采用原状土,在取土过程中尽量不采用接近裸露在外的部分,以减少所取土样的纯度,取土的深度分别为 2m、6m、8.5m、10.5m。不同位置的土样最终用于模型中相对同样的位置上,为保证试验时可以看到所有土层的情况,在模型箱的底部放置了足够强度的铁架台,使得土层的最底部与模型箱上玻璃面的最底部平行。由于离心试验会在加速度作用下向下排水,所以在试验模型制作时,在模型底部设置密封,以保证在离心试验进行时土层中的水不经由底部流失。

模型俯视图如图 7-1 所示,模型剖面图如图 7-2 所示。

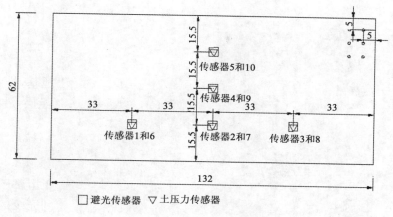

图 7-1　模型俯视图(尺寸单位:cm)

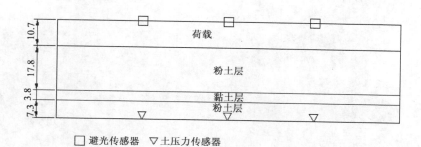

图 7-2　模型剖面图(尺寸单位:cm)

7.2　离心模型的制作

7.2.1　土层制作

对每袋土均取 5 次土样在烘干机中进行烘干,从而得出试样的含水率,取标准值作为此袋土的含水率,再用所需含水率来确定配置时土和水的比例,利用搅拌机进行充分搅拌,确保每次搅拌土的总量不超过 25kg 且每次搅拌超过 5min。将不同土层自下而上分别夯实入模型箱,根据模型箱尺寸和土层高度计算所需要的土样质量,再将配置好的所需质量的土样夯实到给定高度,从而使得土层密度与原型一致。为控制施工质量,减少因夯实造成的不均匀沉降,本模型制作时每次夯实的土层厚度不超过 5cm,并且记录各部分夯实次数,尽量减少密度的不均匀。为保证土体含水率,模型制作时所有土体均为现制现用,并保持室内温度和湿度,以减少制作时水分的蒸发。在层间土夯实过程中,笔者采用了一些特殊方法,以减少土层间在夯实过程中出现的水和土粒的上浮,并在开窗部分制作网格,以便大致观察分层沉降。一期设备及土层制作如图 7-3～图 7-13 所示。

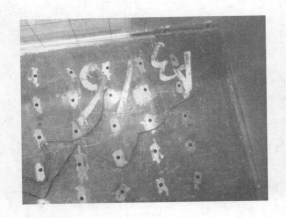

图 7-3　土应力传感器

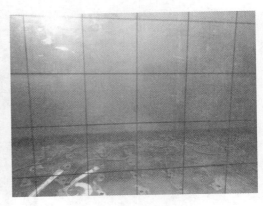

图 7-4　侧边窗口

图 7-5　试验使用的搅拌机

图 7-6　配置完成的黏土

图 7-7　配置完成的底层土

图 7-8　黏土层的夯实

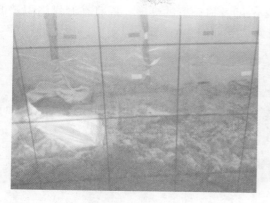

图 7-9　黏土层夯实侧视图

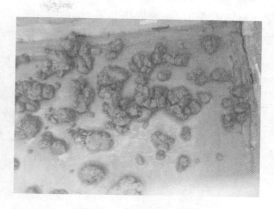

图 7-10　完成的底层粉土

图 7-11　搅拌中的底层粉土

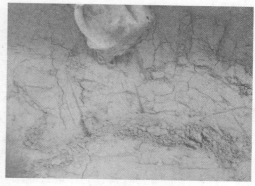

图 7-12　表层粉土的夯实

　　由于两次模型试验挖孔大小不同,所以本次模型制作时重新制作了简易洛阳铲,加大了内径。

　　由于在首先进行的水泥搅拌桩的试验中,最终的整体沉降不超过 1cm,所以每层土层的分层沉降也非常小,其精度已经小于反光纸和网格所能测量的范围,所以在本次试验中没有加入反光纸,同时也不进行分层沉降的观察。

7.2.2　排水板的制作

　　实际工程中,排水板用孔是使用打桩机打孔

图 7-13　表层粉土的夯实

的,由于试验模型较小,孔间距较近,在使用钻头打孔的时候会存在无法保证打孔垂直的情况,而且采用钻头打孔不能在打孔的同时取出土,这就使周边的土体产生严重的挤压变形,从而使得试验结果不准确。本试验采用人工打孔,笔者同样使用了简易洛阳铲进行施工操作,由于两次模型制作的孔径不同,所以本次试验中重新制作了孔径更大的简易洛阳铲,如图 7-14 所示。这种类似于洛阳铲的工具为中空的,而且在底部设置开口,所以可以在打孔时将孔中的土取出,并在打孔的时候上面挂重锤,用来保证每个桩的竖直打入。为保证孔的精确度,减少对周围土的挤压变形,每次向下打孔的深度不超过 5cm,即开口位置的高度。而且在制作洛阳铲的时候采用壁厚较薄的金属管,并在前端发生变形之后立即停止使用,予以更换。

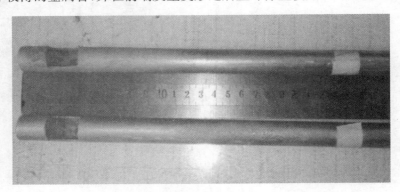

图 7-14　简易洛阳铲照片

在打孔时,首先采用大型的钢尺定位,排除掉不做桩的 5cm 范围,之后画线,将竖排桩和横排桩之间的间距确定,试用直尺在土的表面画出横线,其中的交点部分即为需要打孔的位置,在所有的位置上设置大头钉,然后在大头钉的部位进行打孔作业。

取现场使用的排水板,将内部塑料骨架裁剪为 8mm 宽度,外部由原排水板上的无纺布包裹并用双面胶固定,上下各预留部分无纺布,以防止砂土进入排水板。将排水板竖直插入孔中,外侧用现场取回的砂填充,并在顶部做 5cm 厚度的垫砂层。

将整个离心模型箱用玻璃胶密封,在垫砂层上部铺设密封膜,密封膜直接与模型箱先由固体胶进行结合,再用玻璃胶对缝隙进行黏结,同时打开真空泵,通过气流声音寻找漏气点,之后用玻璃胶进行补救,直至无漏气点且负压超过 65kPa 时密封完成。

由于离心试验不具备工作时添加堆载的设备,为保证主要数据的准确性,本试验采取直接在抽真空之前直接将所有堆载直接添加的方式,并在试验开始进行之前先打开真空泵,使负压达到预定值,以保证在试验进行时负压一直处于稳定状态。堆载采用原状土中的表层土,采用小型的夯实工具进行夯实,以减小对下部结构的破坏。夯实要确定表面部分的平整,以便在试验结束后观察裂缝情况,从而了解不均匀沉降。边坡部分要没有剩余土渣,以便在试验中和试验结束后观察是否发生了塌坡等情况。排水板制作及抽真空设备安装如图 7-15～图 7-26 所示。

图 7-15　排水板制作

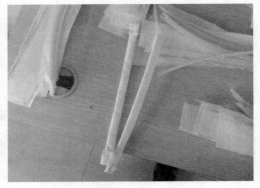

图 7-16　排水板完成图

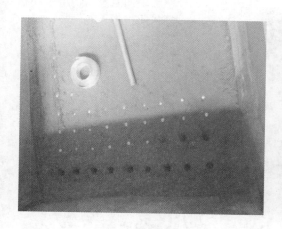

图 7-17 打孔图

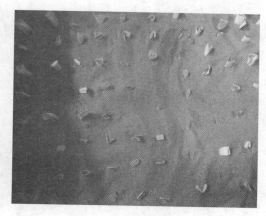

图 7-18 排水板安装结束

图 7-19 表面密封膜

图 7-20 试验所用真空泵

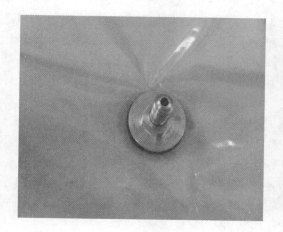

图 7-21 试验抽气孔

图 7-22 真空泵功率

图 7-23　真空管

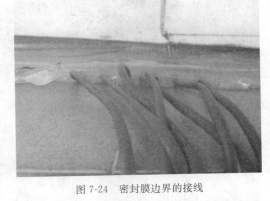

图 7-24　密封膜边界的接线

图 7-25　真空表

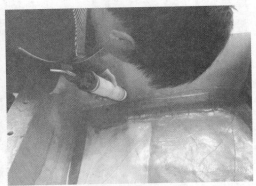

图 7-26　密封过程

7.2.3　仪器测试

测试仪器布置详见图 7-1、图 7-2,在试验箱底部设置 5 个土压力传感器,分别测试验道路横断面和纵断面的土压力变化。在模型箱中央部分设置一个孔隙水压力传感器,以观察抽水时孔隙水压力的变化。在路基加固平面上设置 3 个笔者自制的多点位移计(图 7-27),用以观测在加载和夯实顶层土时下层土的沉降情况;在试验箱顶部设置 5 个激光位移计,以观测最顶部土的沉降情况;在开窗侧面和顶部分别设置摄像头,以观测分层沉降情况和表层可能的不均匀沉降造成的裂缝情况。在真空泵部分设置压力计,以观测抽水时造成的负压状况,保证土体中的负压始终保持在较高值。

土压力传感器的安装已经在底部设置,所以不再赘述,仅在上部接线即可。而激光传感器的安装则是在模型箱的上部安装钢架,将传感器固定在钢架上,并将激光所指的位置固定在需要测量的点上,再将所有上部接线和离心机上已有的通道接好。

完成以上工作之后,进行吊装和质心测量,首先吊装模型箱的一端,画出重心线,再吊装模型箱的另一端,画出另一条重心线,两线的交点位置即为质心位置,根据质心位置算出转轴。之后将已经算好质心的模型箱吊装入离心机的模型端,将所有接线接好。

之后进行离心机的配重,两端重心位置的不同会造成中轴部分受到过大的剪应力,使得离心机可能出现大型事故,所以配重就成为整个试验中确保安全性的最直接因素。

图 7-27　分层沉降仪图片

　　配重是为了让离心机转臂两边的工作斗和配重斗在摆平状态下保持静平衡,即在离心机旋转时,转臂两边的离心力相等。由于空载配重斗与空载工作斗平衡,因此配重时仅考虑需添加的配重块与模型之间的平衡:

$$G_p\omega^2 R_p = G_m\omega^2 R_m \tag{7-1}$$

式中:G_p——配重块的质量(kg);

　　R_p——配重块重心到转轴中心的旋转半径(mm);

　　G_m——模型质量(kg);

　　R_m——模型重心到转轴中心的旋转半径(mm)。

$$G_p = kh_p, R_p = D_p - \frac{h_p}{2} \tag{7-2}$$

式中:k——单位厚度配重块的厚度(mm);

　　h_p——配重块的厚度(mm);

　　D_p——配重箱上底面距离转轴中心的距离(mm)。

$$G_m = G_z - G_x, R_m = D_m - h_1 - h_2 \tag{7-3}$$

式中:G_z——模型制作完毕后模型箱总的质量(含模型及附属设备的质量,kg);

　　G_x——模型箱体自重(kg);

　　D_m——离心机半径(mm);

　　h_1——模型箱体底板厚(mm);

　　h_2——模型重心至模型底面距离(mm)。

$$h_2 = \frac{\sum G_i h_i}{\sum G_i} \tag{7-4}$$

由此可得:

$$kh_p\left(D_p - \frac{h_p}{2}\right) = L \tag{7-5}$$

因此有:

$$h_p = \frac{kD_p - \sqrt{(kD_p)^2 - 2KL}}{k} \tag{7-6}$$

　　除了以上的部分的试验仪器之外,由于本试验还需要应用真空泵,所以还需要在离心机中轴部分的顶端安装、固定真空泵和真空表，由于中轴上的平台较小，所以无法放置更大的真空设备，这也限制了本试验在设备上的选择。最终只能选择小功率的真空泵，不能达到实际工程的数值。而真空泵和真空表虽然体积较小，但质量较大，为达到离心机的尽量平衡，以及保证在高速旋转时所有设备不会飞出，在固定时要注意应尽量在中间的位置固定，而且要尽量固定得比较结实并在真空表旁设置摄像头。

试验的仪器安装过程及装配过程如图7-28～图7-38所示。

图 7-28　配重过程

图 7-29　离心机接线过程

图 7-30　顶部真空泵

图 7-31　真空泵安装过程

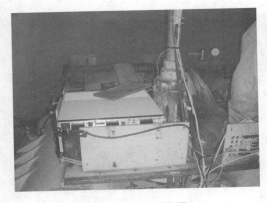

图 7-32　信号接收器

图 7-33　上部中轴冷却管

图 7-34 模型吊装

图 7-35 模型安装

图 7-36 通道连接

图 7-37 最终表层土

图 7-38 试验开始前真空度

7.3 离心固结

工期固结时期为工程中的抽水期,本工程采用 7.5kW 渗流泵,空载负压 0.096MPa,负载负压 0.08MPa,按长度为每 1500m 设置 8 个。由于实验室情况限制,本试验使用的渗流泵功率较小,不能达到 0.08MPa 的现场值,根据实际情况,尽量使得表面负压可以达到本真空泵所能达到的最大值。为尽量接近实际情况，试验时先开启真空泵抽取密封膜中的空气，当压力计中显示压力为 0.065MPa 以上时启动离心机，以保证高负压抽水的时间。工程实际抽水时间为 60d，故在试验中，由加速度达到 45g 开始的 43min 时间内，保持真空泵开启，离心机到达 45g 后，负压基本稳定在接近 0.07MPa（图 7-39），以完成施工期的排水固结并测量相应数据。

图 7-39　真空预压期试验时的真空表

　　在排水固结的 43min 结束后关闭真空泵，离心机继续保持 45g 的离心加速度测试实际工程 2 年内的沉降情况，各个传感器的取值频率均为 1 个/s，以保证数据的质量和可靠性。经过 8h40min 后停止工作。试验运行过程中的监测情况如图 7-40～图 7-42 所示，试验结束后的模型情况和模型拆除情况如图 7-43、图 7-44 所示。

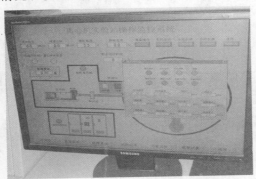

图 7-40　试验时的电脑监控

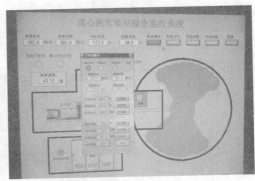

图 7-41　数据输入

图 7-42　视频监控图

图 7-43　试验结束后的沉降

图 7-44 模型拆除图

7.4 沉降结果及分析

7.4.1 加固区中心位置表面的沉降

（1）工期加固区中心位置的表面沉降

3 个激光测点 1、测点 2、测点 3 的位置均为加固区域中心位置的部分。其沉降曲线比较如图 7-45 所示，各测点的最终沉降值如表 7-1 所示❶。

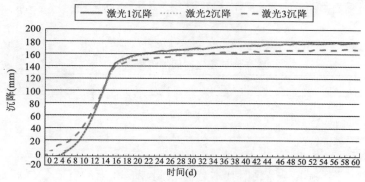

图 7-45 加固区中心断面沉降的比较

激光传感器定时间的沉降值   表 7-1

时间（d）	激光 1 沉降（mm）	激光 2 沉降（mm）	激光 3 沉降（mm）
15	152.302	150.522	145.823
30	167.899	168.165	159.455
60	178.680	178.959	167.266

---

❶ 本试验运行时间长，总数据量大，所以本书中所有曲线均采用相隔取点，经计算，每 43 个点为实际一天长度，所以采用每 43 点取一点的方法，取点时采用与此点相邻的 10 个点的标准值，并去除由于电压或信号不稳定所造成的误差点，而后期由于变化较小，采用每 430 个点取一点画图，为实际 10d 长度，取点依然采用相邻 10 点的标准值。

　　从图 7-45 可得,三个测点所得数据基本趋势相同,其中测点 1 和测点 2 在试验初期的曲线基本重合,而测点 3 由于最接近抽气口而在初期表现出了更快的沉降发展。而在试验后期,三条曲线的发展趋势比较相似,虽然测点 3 的后期沉降要稍小,但也可以认为 3 个点的沉降基本一致。由表 7-1 可知,三个测点的最终沉降值互相差别不超过 10mm,所以可以认为这三个测点的沉降一致,实际工程中加固区域中心位置的沉降为均匀沉降。

　　对于沉降速率,路基模型在前 20 天沉降发展比较明显,之后的沉降发展趋于平稳,真空预压的加固效果逐渐减弱。

　　(2)工后加固区中心位置的表面沉降

　　三个激光测点 1、测点 2、测点 3 位置均为加固区域中心位置的部分,其沉降曲线比较如图 7-46 所示,各测点的不同时间的沉降值如表 7-2 所示❶。

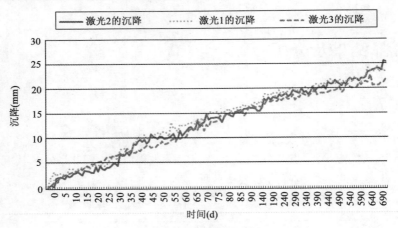

图 7-46　加固区中心断面沉降的比较

激光传感器定时间的沉降值　　　　　　　　　　　表 7-2

时间(d)	激光 1 沉降(mm)	激光 2 沉降(mm)	激光 3 沉降(mm)
90	16.387	15.856	15.031
500	20.268	19.429	18.642
720	23.718	25.384	21.884

　　从图 7-46 可得,三个测点所得数据基本趋势相同,前 90 天的沉降发展相对较快,之后的沉降发展趋于平缓。由表 7-2 可得,三个测点的最终之后沉降值均为 23mm 左右,互相差别不超过 2mm,所以可以认为这三个测点的沉降基本一致,在实际工程中加固区域中心位置的沉降为均匀沉降。

　　对于沉降速率,模型整体沉降曲线发展较为平稳,前 90 天发展速度较后期发展更为明显,工后 90d 后到工后两年期间内总沉降小于 10mm。

---

　　❶ 曲线在这里的跳动是由于试验最终的变化值偏小,所以每个点的差值偏小,限于试验所用光纤信号不稳定的影响,所有数据在传输过程中均会产生一定的跳动,当差值与跳动值相接近时就会产生如图 4-8 的效果,本书中所有类似结果均是在尽量减少误差情况下得出,但并不能完全消除曲线的跳动,之后的土压曲线也存在相同的问题,在之后将不再对此问题进行解释。

7.4.2 路堤断面的表面沉降

(1)工期路堤断面的表面沉降

由图 7-1 可知,激光测点 2、测点 4、测点 5 所测表面沉降为路堤宽度方向的沉降。其沉降曲线比较如图 7-47 所示,其最终沉降值比较如表 7-3 所示。

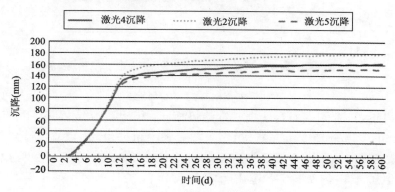

图 7-47 路堤断面沉降的比较

激光传感器定时间的沉降值　　　　表 7-3

时间(d)	激光 2 沉降(mm)	激光 4 沉降(mm)	激光 5 沉降(mm)
15	138.540	150.522	133.194
30	152.200	168.165	144.047
60	178.959	162.121	152.242

由图 7-47 可得,三个测点沉降曲线有一定差异,其中测点 2 沉降发展较快,而测点 4 和测点 5 沉降发展较慢,其中测点 4 的沉降发展略快于沉降仪 5。在试验的开始阶段,三条曲线基本表现出了相同的沉降情况,而在沉降发展比较缓慢的后期,三个测点的沉降出现了差值。这里主要是由于真空预压的效果已经表现的不是很明显,此时沉降主要由堆载作用下的固结效应产生,所以产生了不均匀沉降。由表 7-3 可得,测点 2 最终沉降 178mm,测点 4 最终沉降162mm,测点 5 最终沉降 152mm,整个断面由中心开始向外沉降逐渐减少。

对于沉降速率,前 20d 沉降发展比较明显,之后沉降发展趋于平稳,并在不同位置表现出了明显的沉降差别。

(2)工后路堤断面的表面沉降

由图 7-1 可知,测点 2、测点 4、测点 5 所测表面沉降为路堤宽度方向的沉降。其沉降曲线比较如图 7-48 所示,其最终沉降值比较如表 7-4 所示。

激光传感器定时间的沉降值　　　　表 7-4

时间(d)	激光 2 沉降(mm)	激光 4 沉降(mm)	激光 5 沉降(mm)
90	15.856	14.738	13.010
500	19.429	18.692	18.041
720	25.384	22.071	20.054

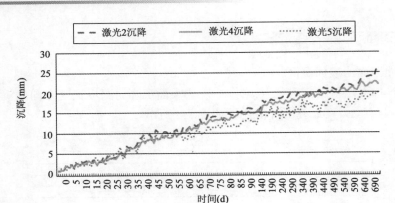

图 7-48　路堤断面工后沉降的比较

由图 7-48 可得,三个测点所得数据基本趋势相同,由表 7-4 可得,三个测点的最终沉降值均分别为 25mm、22mm、20mm 左右,虽然互相差别不超过 2mm,但总沉降量较小,沉降差值甚至接近总量的 20%,所以不能认为这三个测点的沉降一致。在工后也应该认为在路堤宽度方向上产生了不均匀沉降,不过由于不均匀沉降的值较小,对正常使用不会造成影响。

对于模型的沉降速率,整体沉降曲线的发展较为平稳,前 90 天发展速度较后期更为显著,工后 90 天后到工后两年时间内总沉降小于 10mm。

7.5　土压力结果及分析

7.5.1　加固区中心位置的土压力变化

(1)工期加固区中心位置的土压力变化

由图 7-1 可知,三个土压力传感器测点 6、测点 7、测点 8 分别测量沿加固区域中心位置的土压力情况。其土压力变化曲线比较如图 7-49 所示。最终土压力值和土压力变化值如表 7-5 所示。

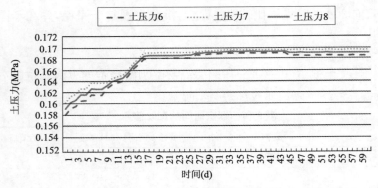

图 7-49　加固区中心土压力的比较

土压力传感器定时间的土压力值　　　　　　　　　　表 7-5

时间(d)	土压力 6(MPa)	土压力 7(MPa)	土压力 8(MPa)
15	0.167015013	0.168065013	0.167540013
30	0.168951107	0.169521107	0.169236107
60	0.168576749	0.169646749	0.169111749

从图 7-49 可得,三个测点的土压力变化曲线基本一致。由表 7-5 可得,三个测点最终土压力值和土压力变化值基本相等,所以可以认为加固区域中心位置的土压力变化基本一致。对于模型土压力的变化速率,在前 20 天内土压力变化比较明显,超过整体变化的 75%,之后整体曲线接近直线。

(2)工后加固区中心位置的土压力变化

由图 7-1 可知,土压力测点 6、测点 7、测点 8 分别测量加固区域中心位置的土压力情况。其土压力变化曲线比较如图 7-50 所示。最终土压力值和土压力变化值如表 7-6 所示。

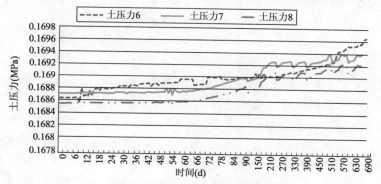

图 7-50　加固区中心土压力的比较

土压力传感器定时间的土压力值　　　　　　　　　　表 7-6

时间(d)	土压力 6(MPa)	土压力 7(MPa)	土压力 8(MPa)
90	0.168981690	0.168958365	0.168786391
360	0.169086979	0.169269969	0.169084984
720	0.169569978	0.169399996	0.169233488

从图 7-50 可得,三个测点的土压力变化曲线基本一致,三个测点最终土压力值和土压力变化值基本相等,差值在 0.0005MPa 以内,可以认为沿路长方向土压力变化基本一致。

对于土压力变化速率,三个测点整体土压力变化趋于相等,总变化量小于 0.001MPa,在工后两年内基本为均匀变化。

7.5.2　路堤断面的土压力变化

(1)工期路堤断面的土压力变化

由图 7-1 可知,三个土压力传感器测点 7、测点 9、测点 10 分别测量路堤宽度方向的土压力情况。其土压力变化曲线比较如图 7-51 所示,最终土压力值和土压力变化值如表 7-7 所示。

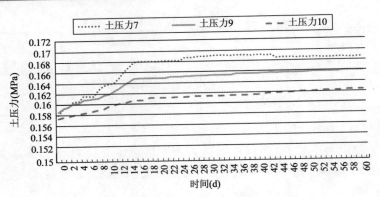

图 7-51　路堤断面土压力的比较

土压力传感器定时间的土压力值　　　　　　　　　　表 7-7

时间(d)	土压力 7(MPa)	土压力 9(MPa)	土压力 10(MPa)
15	0.167998593	0.164835546	0.160692498
30	0.169017897	0.165345026	0.161382154
60	0.168636468	0.166093535	0.162410601

从图 7-51 可得,三个测点的土压力变化曲线基本一致,但变化发展快慢有所不同,其中测点 7 发展最快,测点 10 发展最慢。三条土压力曲线的整体趋势是一致的。由表 7-7 可得,三个测点最终土压力值和最终土压力变化值有所差异,最终土压力变化值和最终土压力值均为测点 7 最大,测点 10 最小,所以可以认为土压力变化和最终值沿路宽度方向由中心向两边逐渐减小。

对于土压变化速率,前 20 天内土压力变化比较明显,超过整体变化的 75%,之后整体曲线接近直线。

(2)工后路堤断面的土压力变化

由图 7-1 可知,土压力测点 7、测点 9、测点 10 分别测量路堤宽度方向的土压力情况。其土压力变化曲线比较如图 7-52 所示。最终土压力值和土压力变化值如表 7-8 所示。

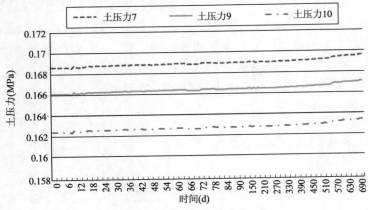

图 7-52　路堤断面土压力的比较

时间(d)	土压力 7(MPa)	土压力 9(MPa)	土压力 10(MPa)
90	0.168981549	0.166438216	0.162755082
360	0.169077878	0.166535145	0.162852111
720	0.169554296	0.167011062	0.163328129

从图 7-52 可得,三个测点的土压力曲线形状基本一致,且最终土压力值和土压力变化值基本相同,但最终土压力值均测点 7 最大,测点 10 最小,所以可以认为土压力变化和沿路宽度方向由中心向两边逐渐减小。

对于土压变化速率,三个测点整体土压力变化趋于相等,总变化量小于 0.002MPa,在两年时间内基本为均匀变化。

7.6　本章小结

由于受到试验条件限制,笔者所制作的分层沉降仪仅能测量路基表面沉降,且测量数据为施工期的最终沉降值和工后的沉降曲线,由于对整体影响较小,故仅给出最终沉降供参考。在工期由于路堤夯实所造成的下层土体沉降约为 2mm,试验过程中所造成的沉降为 8mm 左右,在表面沉降所得的所有数据中已排除路基影响。

试验结束后,取工程场地相应实际位置分别为 5m、1m、-8m、-9m、-10m❶ 的部分土样进行含水率测试,结果可得,堆载部分含水率没有发生变化,1m 位置含水率大幅下降,-8m 的粉土和 -9m 的黏土含水率略有下降,-10m 粉土含水率几乎不变,结果证实真空负压的效果在 -8m 以上位置表现比较明显,对 -10~-8m 范围内的土体作用较小,对 -10m 以下的土体几乎没有作用,而真空预压的整体加固效果比较明显。

由工期和工后的沉降和土压曲线综合分析可知,沉降和土压的主要变化均出现在工期,均超过整体变化量的 75%,尤其是沉降的变化,工期沉降接近总沉降的 90%,而工后沉降总量小,沉降发展平稳,证明土体的固结在工期已经基本完成,表现出了真空堆载联合预压对于土体固结的时间长短具有决定性的影响。

由试验结果可知,采用真空堆载联合预压法处理,路基工后两年内所得的最终沉降达到 20mm 左右,仅为模型总深度的 0.15% 左右,沉降很小,且沉降发展非常缓慢平稳,不均匀沉降小于 0.5mm,可认为对于高速公路的正常使用没有影响,这证实了真空堆载联合预压方法对本试验段地基处理的良好效果。

---

❶ 取密封膜表面为 0 高度面。

第8章 试验结果对比

8.1 沉降对比

沉降是本次试验的主要研究对象,具有重要的代表意义。而两次离心机试验的工期和工后沉降比较,也直接表明了真空堆载联合预压和水泥土搅拌桩在加固软土地基能力上的优劣,所以本章对两次试验结果中的沉降进行整体的分析和对比。

8.1.1 工期与工后的总沉降比较

水泥搅拌桩的试验中没有工期沉降,这也是由离心机试验的特点所决定的,因为我们无法在机器运转的时候进行制模。但由于制模的过程是在单一的重力下进行的,相比于 45g 的离心机运行时的加速度要小得多,所以可以认为在制模时所造成的沉降非常小。而真空堆载联合预压的离心机试验则包括了工期沉降和工后沉降,作为试验结果的互相印证,应首先对比两个试验的总沉降量。具体的每个测点的总沉降量如表 8-1、表 8-2 所示。

水泥搅拌桩试验各测点的最终沉降值 表 8-1

测点	激光 1	激光 2	激光 3	激光 4	激光 5
总沉降量(mm)	200.948	200.685	200.417	180.215	170.629

真空堆载联合预压试验各测点的最终沉降值(工期加工后) 表 8-2

测点	激光 1	激光 2	激光 3	激光 4	激光 5
总沉降量(mm)	202.398	204.343	189.150	187.505	172.296

由表 8-1 和表 8-2 可以看出:除激光 3 之外,其余的测点两次试验中的差值均小于 1cm,而且全部为真空堆载联合预压试验所得值大于水泥搅拌桩试验所得值。这是由于在实际的试验时间上,水泥搅拌桩比真空堆载联合预压方法要少了两个月的时间所致。而表 8-2 中激光 3 的问题在于其测点的位置距离真空预压的抽气孔过远,造成了试验初期沉降相对较小,但其差值也在可以接受的范围之内,可以认为两次试验在总体沉降上的表现是一致的。由此也可以看出,两次试验的试验设计和试验结果的基本一致,只有很小的误差。

8.1.2 加固区中心位置的沉降比较

在两次试验中,均在模型加固区中心的位置均设置了 3 个沉降和土压力测点,对这 3 个测点全部进行分析之后,可以得知两次试验在最大沉降上的异同❶。如图 8-1~图 8-3 所示。

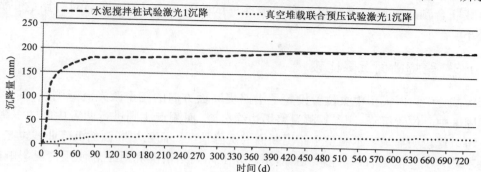

图 8-1　两个试验激光测点 1 的数据对比

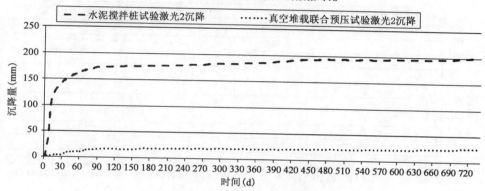

图 8-2　两个试验激光测点 2 的数据对比

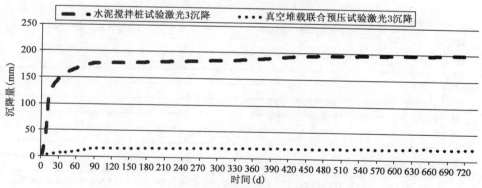

图 8-3　两个试验激光测点 3 的数据对比

由图 8-1~图 8-3 可以看出,对于加固区中心位置的沉降,在两个试验 3 个测点中的沉降曲线几乎相同,所以两个试验中各自的沉降曲线的差异也比较接近。对于水泥搅拌桩的试验来说,最终的总沉降量均在 200mm 以上,主要的沉降时期出现在前 90 天,之后的沉降发展比较平稳。而对于真空堆载联合预压的试验,其工后总沉降量均在 20~25mm,主要的沉降发

---

❶ 由于实际工程中主要关注的是工后沉降,所以之后所进行的所有对比均为两种试验方式的工后沉降对比,真空堆载联合预压方法的工期沉降将不再列入考虑范围之内。

展时期也是在前 90 天,而 90 天之后的沉降已经基本稳定。从工后沉降的数值上来看,真空堆载联合预压试验的沉降仅为水泥搅拌桩试验的 10％ 左右,明显对公路的正常使用影响较小。

8.1.3 路堤断面沉降比较

两次试验中均取模型中央位置设置了沿路堤断面方向的三个激光沉降测点,其中测点 2 测量加固区中心位置沉降,测点 5 测量路堤边缘沉降,而测点 4 则进行两者中间的沉降测量,这样就可以比较明显地表示出整个路堤断面的沉降情况。而路堤断面的沉降曲线也是衡量整个路基不均匀沉降情况的一个重要指标,是研究土体固结情况和对工后使用情况影响的一个重要参考。如图 8-4、图 8-5 所示。

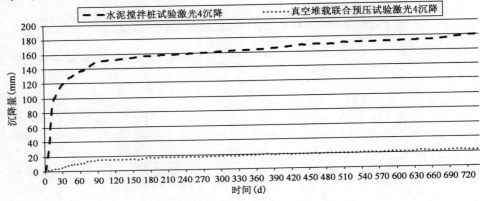

图 8-4 两个试验激光测点 4 的数据对比

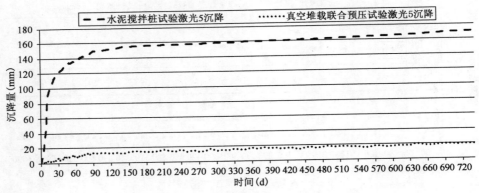

图 8-5 两个试验激光测点 5 的数据对比

由图 8-2、图 8-4 和图 8-5 可以看出,在整个路堤断面上两个试验的沉降发展情况,水泥搅拌桩试验的激光 4 测点的最终沉降为 180mm 左右,而真空堆载联合预压试验仅为 20mm 左右。而水泥搅拌桩试验激光 5 测点的最终沉降在 170mm 左右,真空堆载联合预压试验依然为 20mm 左右,所有测点的主要沉降均出现在前 90 天内,区别在于水泥搅拌桩试验在 90 天之后的沉降依然快速发展,直到试验结束时其沉降也没能达到稳定;而对于真空堆载联合预压试验来说,其沉降发展在 90 天之后就已经基本稳定,这也明显表现出了真空堆载联合预压方法相对于水泥搅拌桩法在沉降量和沉降稳定时间上的优势,其沉降对工后正常使用时期的影响要远小于水泥搅拌桩。

8.1.4 路堤断面的分时段沉降对比

对路堤断面来说,分时段的进行沉降对比可以更清晰地表现出总沉降情况和不均匀沉降的发展情况。针对以上所分析出的数据结果,可对整个沉降时期分为两个部分进行分析,第一部分为前 90 天的施工期,其沉降发展较快;90 天之后的部分为工后预压期,其沉降发展较慢,则加长每个分析图间隔的时间。由此,对前 90 天沉降取每 10 天进行一次分析,90 天之后取每 300 天进行一次分析,如图 8-6~图 8-14 所示。

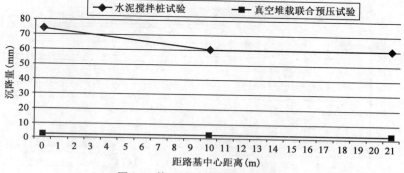

图 8-6 第 10 天路堤断面的沉降对比

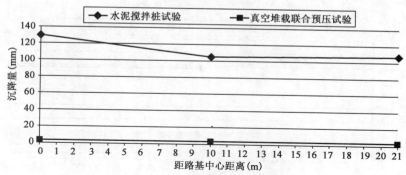

图 8-7 第 20 天路堤断面的沉降对比

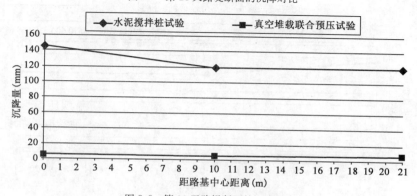

图 8-8 第 30 天路堤断面的沉降对比

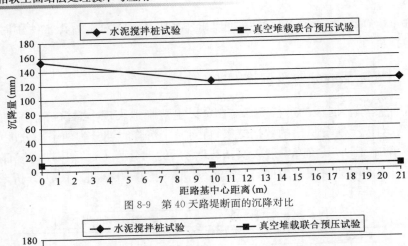

图 8-9　第 40 天路堤断面的沉降对比

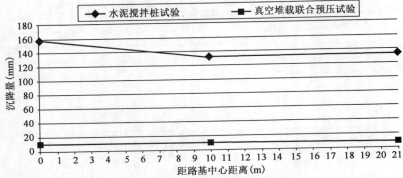

图 8-10　第 50 天路堤断面的沉降对比

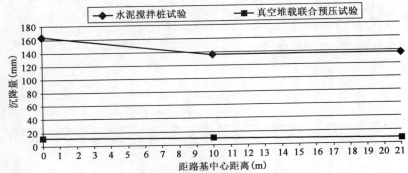

图 8-11　第 60 天路堤断面的沉降对比

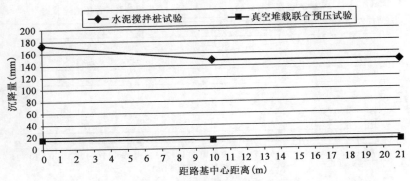

图 8-12　第 90 天路堤断面的沉降对比

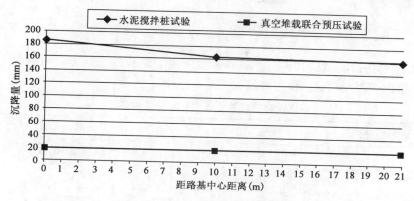

图 8-13　第 380 天路堤断面的沉降对比

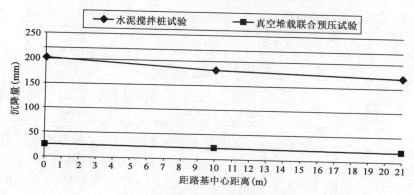

图 8-14　第 780 天路堤断面的沉降对比

　　由以上各图可以看出,在各个沉降时期,真空预压联合堆载试验在整个断面上的沉降都较小,水泥搅拌桩试验的沉降发展明显快很多。尤其是在前 90 天,两个试验的沉降差别非常大。而纵观整个沉降时期,对水泥搅拌桩试验而言,在前 90 天中,加固区中心位置的沉降始终是大于其他位置的,而激光 4 和激光 5 的沉降差别不大,直到沉降发展相对比较稳定的时期,在断面上的沉降差才开始表现得比较明显,最终整个断面的最大沉降差约为 30mm。而真空堆载联合预压试验的结果则表现出了完全不同的沉降发展情况,首先是其沉降量一直保持在一个比较低的水平,其次,不均匀沉降的情况并不明显,加固区中心位置和路堤边缘的最大沉降差仅为 0.5mm 左右,而且在沉降发展的整个时期,其断面上的沉降差也没有能够超过0.5mm,所以可以认为在整个工后预压期内,路堤断面的沉降为均匀沉降,不存在沉降差的问题。从这一点上也可以看出,在限制不均匀沉降上,真空堆载联合预压的方法明显优于水泥搅拌桩法。

8.2　模型土压力对比

　　除了沉降之外,本次试验也对土压力进行了测试,但由于现有土压力测试仪器的精度不够,使得最终所得的土压力曲线比较混乱,误差较大,所以本书对土压力的比较仅为大致的比较,仅供参考使用,希望数据测量在今后的试验中可以得到完善。

8.2.1 工期与工后总土压力比较

对水泥土搅拌桩离心试验和真空堆载联合预压离心试验的土压力进行检测,汇总两个试验的全部测点的土压力检测结果,整理后如表8-3、表8-4所示。

水泥搅拌桩试验土压力(MPa)变化情况 表8-3

土压力	土压力计6	土压力计7	土压力计8	土压力计9	土压力计10
最初土压力	0.160099982	0.160199982	0.160149982	0.160150024	0.160100066
最终土压力	0.170066980	0.170399997	0.170233489	0.167695988	0.16499198
土压力变化	0.009966998	0.010200015	0.010083507	0.007545964	0.004891914

真空堆载联合预压试验土压力(MPa)变化情况 表8-4

土压力	土压力计6	土压力计7	土压力计8	土压力计9	土压力计10
最初土压力	0.158038412	0.160199982	0.159115251	0.158600024	0.157350066
最终土压力	0.169569979	0.169399997	0.169233489	0.167111597	0.163428474
土压力变化	0.011539979	0.009200015	0.010118489	0.008510976	0.006077934

从表8-3和表8-4中可以看出,两次试验的土压力变化较小,各测点的土压力变化量大致相同,但最初土压力和最终土压力上有所差异。真空堆载联合预压试验所得值要比水泥搅拌桩试验所得值要小,总值在数值上是很接近实际值的。至于中间的差异,主要是由于在制模时对土的夯实程度的不同导致,而对于真空堆载联合预压试验,由于在开始数据记录时真空泵就已经开启并达到了最大真空负压,使得整个试验过程中土压力产生了一定量的变化,表现为各个测点的土压力值在开始时的差距比较大。但由于两个试验在变化量上比较接近,且实际的最初值和最终值差异也不算很大,所以依然可以认为两者土压力的变化是一致的,这也证明了两次试验无论在设计上还是结果上都可以说是合理的。

8.2.2 模型不同截面土压力对比

土压力计6、土压力计7、土压力计8均为记录加固区中心土压力,由图8-15可以看出,对于真空堆载联合预压试验来说,工后的土压力几乎是一条不变的直线了。而水泥搅拌桩试验中土压力出现了明显的变化,前30天变化最大,而之后基本也达到了稳定。所以二者的主要差别在于前30天的土压变化,之后二者都是几乎平行于 x 轴的水平直线了,如图8-16~图8-19所示。

对于路堤断面上的土压力变化情况,两个试验在最终值上均存在一定的差异,不过差异不大,而土压力9的沉降曲线发展情况也与之前所分析的加固区中心位置的土压变化情况基本相同,所以在此不再分析。而土压力计10作为路堤边缘上的土压力计,其测试值对两个试验来说出现了比较大的出入,其原因有可能是与测点10距离真空预压的抽气点较远,但仅为推测,希望在今后的试验中可以分析并找出问题原因和解决方法。

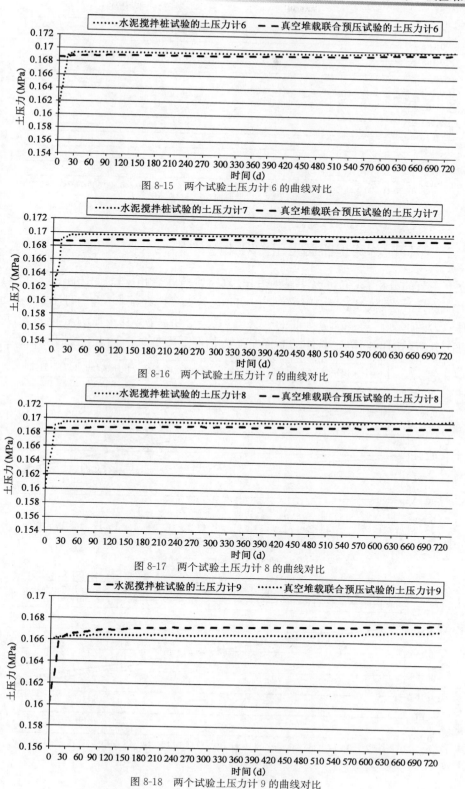

图 8-15 两个试验土压力计 6 的曲线对比

图 8-16 两个试验土压力计 7 的曲线对比

图 8-17 两个试验土压力计 8 的曲线对比

图 8-18 两个试验土压力计 9 的曲线对比

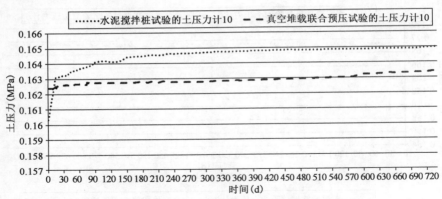

图 8-19　两个试验土压力计 10 的曲线对比

8.2.3　不同时刻路堤断面土压力对比

经过上一节的分析,我们可以明显地看出:真空堆载联合预压试验中的土压力在工后几乎没有变化,而水泥搅拌桩试验土压力的变化时期也主要表现在前 30 天内,所以在进行分析的时候主要分为两部分。第一部分为前 30 天,每 10 天分析一次,其土压力变化较大,之后的部分加大每次分析的时间间隔。具体的断面土压力情况如图 8-20~图 8-25 所示。

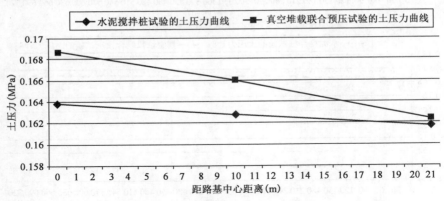

图 8-20　第 10 天的路堤断面土压力对比

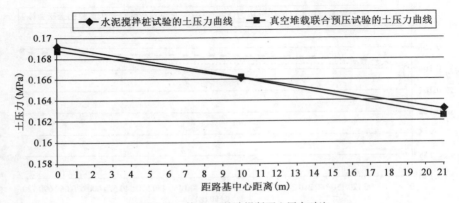

图 8-21　第 20 天的路堤断面土压力对比

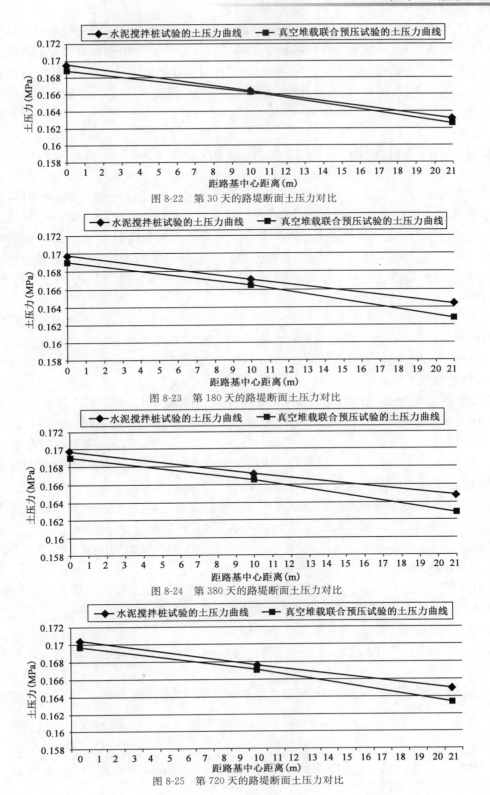

图 8-22 第 30 天的路堤断面土压力对比

图 8-23 第 180 天的路堤断面土压力对比

图 8-24 第 380 天的路堤断面土压力对比

图 8-25 第 720 天的路堤断面土压力对比

由以上各图可以看出,真空堆载联合预压试验中,路堤断面的土压力曲线在整个试验期内没有发生什么变化,其土压力一直比较稳定。而对于水泥搅拌桩的试验,在试验前期的土压力整体发展都很快,尤其是在前 10～20 天的时间。可以明显地由图 8-20 和图 8-21 看出其断面上土压力的发展之快;而在 30 天后,整个断面的土压力仍继续发展,但整体的变化速率基本保持一致。

8.3 沉降监测说明与含水率分析

除模型的地基部分之外,模型的路堤填土在离心机运行时也会产生一定量的沉降,在这两次试验中,笔者均加入了自制的多点位移计❶。而由于在最开始的时候经验不足,导致在进行水泥搅拌桩试验的时所使用的多点位移计有轻微的晃动,这对整个试验结果是有一定影响的。而且作为对比,需要有不加入多点位移计的测点来直接测试整体沉降,其差值便是路堤部分沉降,这样就仅能测量加固区中心位置的路堤沉降了;而路堤断面沉降由于缺少对照而无法直接得出结果❷。

在水泥搅拌桩试验中,共设置了两个多点位移计,将两个多点位移计所测得的沉降曲线取标准值后和没有位移计的测点进行比较后发现,整个沉降曲线确实在各个位置的沉降量值上要比总沉降小一些,但差值最大不超过 8mm,相对于总沉降量比较小。而对于之前的所有沉降数据,均是去除了路堤堆载产生 8mm 的路堤沉降之后的数值。

在真空堆载联合预压试验中,设置了与水泥搅拌桩试验相同的两个多点位移计,区别在于此次使用的多点位移计经过了改良,在管内部加入钢珠,使得空管和细杆只能产生上下的移动,而不能晃动了,这样就加大了试验结果的准确性。而对结果而言,路堤沉降在工期内为 3mm 左右,工后为 5mm 左右,总沉降与水泥搅拌桩试验相近,且工后沉降也比较大,这是由于真空预压的加固作用不能影响上部的路堤填土,所以其沉降情况与水泥搅拌桩试验接近。

含水率的变化也是衡量土体固结情况的一个重要指标。但在试验中,最后的取土不能保证在完全的同一深度,一般的取土厚度约为每次 3cm,而根据 g 值换算就相当于实际中的 1.5m 的土体,含水率无法保证一致,所以本书所给出的所有含水率均为某一深度上下部分的平均含水率,以作参考。

在水泥搅拌桩试验中,由于整个箱体设置为不排水❸。所以含水率的变化基本不存在,仅仅是在离心机的作用下,使得模型出现了一定的向下排水现象。其中,表层在 3m 以上含水率没有变化,3～10m 的土层含水率稍有减小,而 10m 以下的土层含水率稍有增加,总含水率没有发生变化。而发生变化的部分含水率改变也比较小,所以可以忽略不计,故在此不再列出具体值。

在真空堆载联合预压试验中,由于存在抽真空产生的负压和向外排水,使得水可以从土层

---

❶ 如图 7-27 所示。

❷ 这是受到实验室传感器线路个数限制的。

❸ 一般情况下,在离心机的高加速度下会使得土体产生实际情况下不应存在的下排水,所以在试验中会将整个模型外部包裹塑料膜,进行防止水外排的处理。

中流出,所以各层土体的含水率都产生了比较明显的改变,其具体的改变情况如表8-5所示。

由表8-5可以看出,表层路堤填土的含水率稍有下降,这是由于离心机本身就具有下排水的作用。在1m深度的土层含水率变化非常大,已经接近或达到了最优含水率。而8m深度的土层含水率也产生了一定的变化,这表明真空预压的效果在8m的深度还是有一定效果的,但很显然,随着深度的增加,真空预压的效果也会逐渐减小。而9m和10m的深度下,虽然含水率略有减小,但不能排除这是离心机下排水作用的体现,而且变化值已经非常小了,即使在真空预压作用下所产生的排水,也可以认为真空预压在这个深度下已经没有影响了。这也体现出了在−65kPa的效果下真空预压大致的影响范围❶。

真空堆载联合预压试验土层含水率变化表❷ 　　　　　　　　表8-5

深度(m)	初始含水率（%）	最终含水率（%）
5	12.2	11.9
−1	12.2	4.52
−8	12.2	9.68
−9	32.8	31.78
−10	23.58	23.49

由此可以看出,真空堆载联合预压试验在试验效果上是要明显优于水泥搅拌桩试验的,不仅加快了土体的固结速率,而且使得主要的固结沉降均出现在施工期,这样对工后的正常使用时期就不会产生过大的影响。

8.4　试验沉降结果分析

8.4.1　沉降测量位置

在路基工程中,评价土体固结效果最主要的指标就是沉降量。实际工程中试验段范围是ZK4+500～ZK4+775.5。本书采用沉降板进行测量,测量地点桩号为ZK4+720,测量数据是路基加固中心处的表面沉降。现场工程的沉降测量位置如图8-26所示。

离心机试验的沉降测量也都在路基表面,从整体来看,包括沿路基中心和路基横断面两个方向的沉降变化。采用激光传感器进行测量,布置情况如图8-27和图8-28所示。

由图8-27可知,离心机试验模型平面图的大小是132cm×62cm。加固中心区的测量点为分别位于横向15.5cm,纵向33cm、66cm和99cm处;路基断面的测量点分别位于纵向66cm,横向15.5cm、31cm和46.5cm处。因为两个方向有一个测量点是重合的,所以一共有5个测量点。激光传感器编号为测点1、测点2、测点3、测点4、测点5,用于测量路基的表面沉降,见图8-28。

---

❶ 对于不同的土层和不同的密封方式,以及不同的场地实际情况,这个影响深度肯定会产生相应的改变,本书所体现出的深度值仅供参考,不能作为其他工程的应用基础。

❷ 以密封膜为0m深度,向下为负,向上为正。

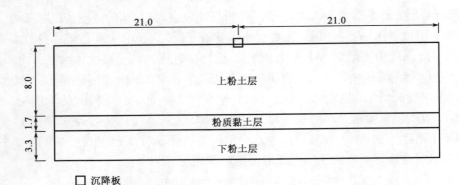

图 8-26　现场工程路基中心沉降板布置剖面图(尺寸单位:m)

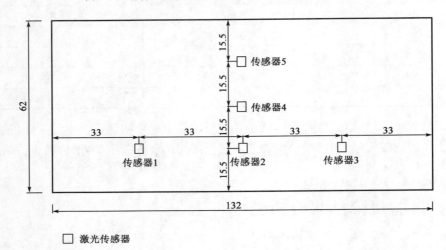

图 8-27　离心机模型激光传感器布置平面图(尺寸单位:cm)

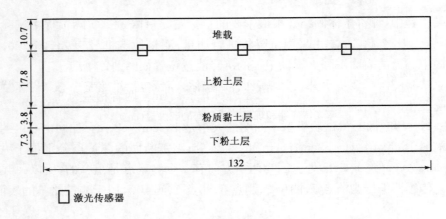

图 8-28　离心机模型激光传感器布置剖面图(尺寸单位:cm)

　　需要重点说明的是,由于离心机试验模型是经过相似比缩小的,所以在显示结果时,要在离心机直接测量值的基础上乘以相似比,作为实际的实测值。

114

8.4.2 路基中心表面沉降对比

如图 8-29 所示,从离心机试验结果来看,由于三个测量点都位于路基表面中心处,而且各处土体的性质基本相同,所以曲线变化趋势基本相同。三条曲线都是初期沉降最快,到第十几天后完成主要沉降,而后沉降就变得逐渐缓慢直到平衡。测点 3 曲线的最终沉降较小,为 17.3cm,而测点 1 号和测点 2 号的最终沉降分别达到了 18.5cm 和 18.3cm。从数据可以看出,离心机的固结主要发生在前 20 天。

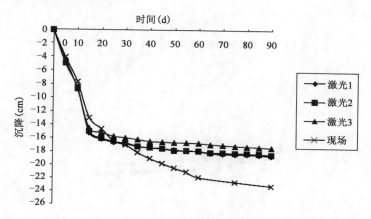

图 8-29 现场工程 ZK4+720 和离心机试验路基中心表面沉降

从现场工程和离心机试验的对比来看(表 8-6),在最初的 20 天内,两种试验的沉降速率都较为迅速。离心机的沉降速率要稍微大于现场工程的沉降速率。原因是在初期离心机的真空荷载和堆载荷载一起作用,而且水流速较大,对土体运动的影响也较大,所以沉降较快。现场工程则是在抽真空的同时逐渐堆载的,所以沉降值要小。在第 20 天时,离心机沉降的平均沉降为 15.8cm,现场工程的沉降为 14.6cm。然而在大约 20 天之后,离心机的速率迅速减慢,说明大部分固结已经完成。相应阶段现场工程的沉降速率虽然也减慢,但是仍然以一定的速率在产生沉降,减慢的幅度远小于离心机试验。所以在 20 天之后,现场工程仍然发生了相当大的沉降。在第 60 天,离心机已经停止了抽真空,表明施工期结束,在此期间平均沉降为 17.5cm,相应的现场工程的沉降量为 21.8cm,二者相差 4.3cm。到第 90 天时,离心机试验的平均沉降量为 18.1cm,而现场工程沉降已经达到了 23.1cm。两者相差为 5.0cm。

激光传感器和现场不同时间的沉降量(cm) 表 8-6

时间(d)	激光1沉降	激光2沉降	激光3沉降	现 场 沉 降
15	15.2	15.0	14.6	13.0
20	16.1	16.0	15.2	14.6
30	16.7	16.8	16.0	17.0
60	17.9	17.9	16.7	21.8
90	18.5	18.4	17.4	23.1

8.4.3 路基断面表面沉降对比

由图 8-30 和表 8-7 可知,在沉降的开始阶段,3 条曲线都表现出了较快的沉降速度,变化趋势基本一致,在前 10 天的沉降速度最快;在 10~20 天出现了非常大的转折,沉降速率迅速下降;而在 20 天以后,则以非常小的速率沉降。总的来看,路基断面的固结沉降也是主要发生在前 20 天,从时间上来说,这个趋势和图 8-27 中激光测点 1、测点 2、测点 3 的趋势基本保持了一致。

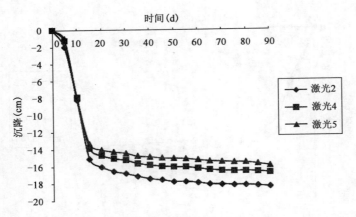

图 8-30 离心机路基断面的表面沉降

激光传感器不同时间的沉降(cm)
表 8-7

时间(d)	激光 2	激光 4	激光 5
15	15.1	13.9	13.3
20	16.0	14.7	14.0
30	16.9	15.2	14.4
60	17.9	16.2	15.2
90	18.4	16.7	15.9

但是从最终沉降来看,3 个测点沉降曲线具有一定的差异。由于激光 2 位于路基中心,所以沉降较快。激光 4 和激光 5 距离中心位置距离依次增大,沉降依次减小。在第 15 天时,三者的沉降差距就已经拉大,此时三个测点的沉降分别为 15.1cm、13.9cm 和 13.3cm,在 15 天之后沉降差距进一步拉大,在 90 天时分别达到 18.4cm、16.7cm 和 15.9cm。这也体现了从中心到边缘地区,加固效果的依次减弱。

8.4.4 路基分层沉降计算理论

从现场工程的路基变化来看,路基表面沉降就是路基各层土体沉降之和。其中包括 3 层土体的各自沉降。在 8.1 节中介绍了现场工程和离心机试验的路基表面沉降,这可以看作是整体路基的总沉降量,但是并没有测量出各层土体的分层沉降量,所以现在有必要通过理论计算对路基沉降作进一步的研究。文中采用的沉降计算方法是分层总和法和附加应力法。

1) 分层总和法公式

分层总和法是目前路基沉降最常见的计算方法,路基的总沉降由瞬时沉降 S_d、主固结沉降 S_c 和固结沉降 S_s 三部分组成:

$$S = S_d + S_c + S_s \tag{8-1}$$

在实际情况中,瞬时沉降和次固结沉降的影响因素复杂,不能精确计算。所以总沉降一般采用主固结沉降和沉降系数相乘计算:

$$S = \xi S_c \tag{8-2}$$

沉降系数 ξ 为经验系数,与地基条件、荷载强度、加荷速率等因素有关,如若采用真空堆载联合预压,其值为 $0.8 \sim 0.9$。

主固结沉降的计算思路,是采用分层计算的方法,用下面的公式来计算每一层的压缩量,然后再累加:

$$\Delta S_i = \frac{e_{1i} - e_{2i}}{1 + e_{1i}} h_i = \frac{\bar{\sigma}_z}{E_s} h_i \tag{8-3}$$

$$s = \sum_{i=1}^{n} \Delta s_i \tag{8-4}$$

式中:n——地基沉降计算分层层数;

h_i——地基沉降计算分层第 i 层厚度;

e_{1i}——地基中第 i 层分层中点在自重应力作用下稳定时的孔隙比;

e_{2i}——第 i 层分层中点在自重应力与附加应力作用下稳定时的孔隙比;

h_i——第 i 层土的高度;

$\bar{\sigma}_z$——第 i 层土受到的平均附加应力。

2) 附加应力计算公式

土体的附加应力公式较为复杂,要考虑在经过真空堆载联合预压法处理之后在路基的不同深度处产生的附加应力。在计算附加应力时,首先要探讨所求应力的性质问题。

由土力学中有关荷载的内容可知,在半无限弹性体表面作用无限长条分布荷载(荷载在宽度方向分布任意,但沿长度方向分布规律相同),求解此半无限体中的应力属于平面应力问题。本书要求解的附加应力就是平面问题的附加应力问题,即任意一点的应力只与该点的平面坐标 (x, z) 有关,而与荷载长度方向的 y 轴无关。另外,当荷载面积的长宽比 $L/b \geqslant 10$ 时,计算的地基附加应力值与按 $L/b = \infty$ 时的结果相比误差甚小,因此,在计算中常把墙基、挡土墙基础、路基和坝基等条形基础按平面问题来考虑。

平面问题按照荷载又分为两类,一类是线荷载,另一类是均布条形荷载。线荷载适用于 y 方向无限延伸的情况,即路基长度无限长的情况;均布条形荷载适用于有限宽度的条形区域,即荷载宽度有限的情况。总的来看,本书中的情况更适合于第二种情况,原因在于书中所要研究的试验段长度有限,而且路基宽度和土体的荷载的宽度都较为明确。

下面先来推导附加应力的计算公式。

如图 8-31 所示,在无限空间表面上作用一竖向集中力作用 F 时,求解区域、半空间内任一点 $M(x, y, z)$ 的应力和位移的弹性力学解是由法国科学家布辛奈斯可首先提出,他根据弹性理论推导的 z 方向的应力表达式为:

$$\sigma_z = \frac{3F}{2\pi} \times \frac{z^3}{R^5} = \frac{3F\cos^3\theta}{2\pi R^2} \tag{8-5}$$

由于线荷载和均布条形荷载都属于平面问题,而且均布条形荷载是线荷载的特殊情况,所以需要先对线荷载进行推导。假设在地基土表面作用无限长度、宽度极微小的均布线荷载,以 $\overline{p}$ (kN/m)表示,如图 8-32 所示。

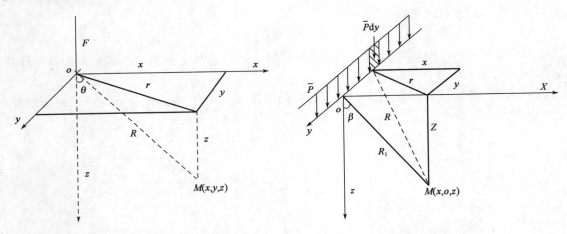

图 8-31 集中力作用下的附加应力求解图   图 8-32 线荷载作用

竖向荷载作用在 y 轴上,沿 y 轴取一微段 $\mathrm{d}y$,其上作用荷载 $\overline{p}\mathrm{d}y$,把它看作集中力 $\mathrm{d}F = \overline{p}\mathrm{d}y$,然后代入式(8-6)得:

$$\mathrm{d}\sigma_z = \frac{3z^3\overline{p}}{2\pi R^5} \tag{8-6}$$

对式(8-6)进行积分,得:

$$\sigma_z = \int_{-\infty}^{+\infty} \mathrm{d}\sigma_z = \frac{3\overline{p}z^3}{2\pi}\int_{-\infty}^{+\infty} \frac{\mathrm{d}y}{R^5} = \frac{2\overline{p}z^5}{\pi R_1^4} = \frac{2\overline{p}}{\pi z}\cos^4\beta \tag{8-7}$$

根据上面的结果来推导均布条形荷载的应力公式。

如图 8-33 所示,均布的条形荷载 p_o 沿 x 轴上某微分段 $\mathrm{d}x$ 上的荷载可以用线荷载 $\overline{p}$ 代替,并引入 OM 线与 z 轴线的夹角 β 得:

$$\overline{p} = p_o\mathrm{d}x = \frac{p_o R_1}{\cos\beta}\mathrm{d}\beta \tag{8-8}$$

将式(8-7)代入式(8-8)得:

$$\mathrm{d}\sigma_z = \frac{2p_o z^3 \mathrm{d}x}{\pi R_1^4} = \frac{2p R_1^3 \cos^3\beta}{\pi R_1^4} \times \frac{R_1 \mathrm{d}\beta}{\cos\beta} = \frac{2p_o}{\pi}\cos^2\beta\mathrm{d}\beta \tag{8-9}$$

则地基中任意点 M 处的附加应力用极坐标表示为:

$$\sigma_z = \int_{\beta_1}^{\beta_2} \mathrm{d}\sigma_z = \frac{2p_o}{\pi}\int_{\beta_1}^{\beta_2}\cos^2\beta\mathrm{d}\beta = \frac{p_o}{\pi}\left[\sin\beta_2\cos\beta_1 - \sin\beta_1\cos\beta_1 + (\beta_2 - \beta_1)\right] \tag{8-10}$$

这就是条形荷载作用下深度 z 处的附加应力,其他方向如 x、y 附加应力,因为与本文无关,所以不再推导。为了计算方便,将式(8-10)改用直角坐标表示:

$$\sigma_z = \frac{p_o}{\pi}\left[\arctan\frac{1-2n}{2m} + \arctan\frac{1+2n}{2m} - \frac{4m(4n^2 - 4m^2 - 1)}{(4n^2 + 4m^2 - 1) + 16m^2}\right] = \alpha_{sz}p_o \tag{8-11}$$

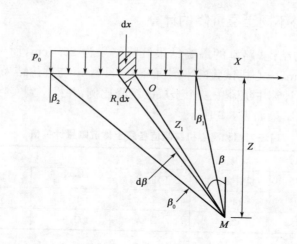

图 8-33 均布条形荷载

式中：α_{sz}——附加应力系数，可以通过查表得到；

　　m、n——系数，其中，$m=z/b$，$n=x/b$；

　　b——路基堆土荷载的宽度。

3）路基各层深度的附加应力

要计算附加应力首先要算出路基表面的受力，由于要算出最终沉降，所以现场沉降虽然是多级堆载，只要求出最大受力即可，真空荷载最大的 80kPa，堆载预压荷载最大的是 $18.22\times4.5=82$kPa。由此算出路基表面 0m、8m、9.7m 和 13m 处的附加应力，如表 8-8 所示。

不同深度处的附加应力　　　　　　　　　　表 8-8

深度（m）	0	8	9.7	13
附加应力（kPa）	162.0	158.0	156.3	151.0

4）不同深度土层的沉降计算

8m 粉土沉降：

$$S_1=\frac{e_1-e_2}{1+e_1}h_1=\frac{\bar{\sigma}_{z_1}}{E_{s_1}}h_1=\frac{(162+158)/2}{6.83}\times8=18.7\text{cm}$$

1.7m 粉质黏土沉降：

$$S_1=\frac{e_1-e_2}{1+e_1}h_1=\frac{\bar{\sigma}_{z_2}}{E_{s_2}}h_2=\frac{(158+156.3)/2}{4.82}\times1.7=5.5\text{cm}$$

3.3m 粉土沉降：

$$S_1=\frac{e_1-e_2}{1+e_1}h_1=\frac{\bar{\sigma}_{z_3}}{E_{s_3}}h_3=\frac{(156.3+151.0)/2}{7.02}\times3.3=7.2\text{cm}$$

软土路基总沉降量：

$$S=\xi(S_1+S_2+S_3)=0.85\times(18.7+5.5+7.2)=26.7\text{cm}$$

8.4.5　路基中心不同土层沉降的计算

由8.4.4小节中的结论,路基的最终结果沉降结果为26.7cm,而现场测量的沉降量为23.1cm,二者相差3.6cm,离心机试验的平均沉降为18.1cm,与理论结果相差8cm。

本节主要分析路基计算中沉降中三个土层的沉降比例,并推广到实际工程中,计算可能发生的各层土体的沉降。结果如表8-9所示。

现场工程和离心机实测值各层土体沉降量计算值

表8-9

项目	现场工程			离心机试验		
	上粉土层	粉质黏土层	下粉土层	上粉土层	粉质黏土层	下粉土层
沉降量(cm)	13.7	4.1	5.3	10.8	3.2	4.1
每米沉降(cm/m)	1.7	2.4	1.6	1.3	1.8	1.2

由之前的表8-1可知,现场工程中加固的主要对象是粉质黏土层。表8-9为本书根据理论的计算值进行推导出的各层土体的沉降量。由每米沉降来看,粉质黏土层的加固效果是最好的,现场工程和离心机试验的沉降值分别是2.4cm和1.8cm。同样从数值上看,上粉土层的加固效果要好于下粉土层,虽然这些数值并不完全是实测值,但可以作为工程应用的参考值。

8.5　孔隙水压力和土的有效应力结果

8.5.1　应力测量位置

孔隙水压力和土的有效应力也是评价路基加固效果的重要指标。由于条件的限制,实际中没有测出全部指标,而是只测量了现场工程的孔隙水压力和离心机试验的土的有效应力,测量仪器布置如图8-34~图8-36所示。

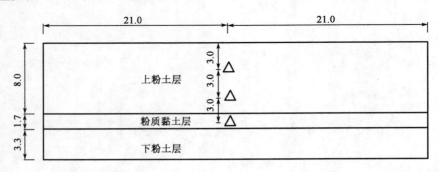

图8-34　现场试验路基中心孔隙水压力计布置剖面图(尺寸单位:m)

由图8-34可知,现场工程的孔隙水压力计位于深度3m、6m和9m三个位置。3m、6m处位的上粉土层,9m处的粉质黏土层。孔压计的测量桩号有两个,分别是ZK4+550和ZK4+720。

由图 8-35 可知,离心机试验土压力传感器的位置与前面激光传感器的布置相同,不同的是测量的位置在模型箱底部,如图 8-36 所示。传感器仍然沿两个方向——路基中心纵向和横断面方向布置。由于离心机模型是根据现场 13m 深的土体进行缩小的,所以离心机的土压传感器的测量值相当于工程现场 13m 深度处土的有效应力的大小。同样需要重点说明的是,在计算离心机的土压力测量值时需要考虑模型相似比,即在测量值的基础上乘以相似比来得到实测土压力值。

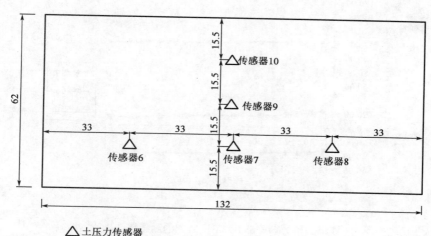

图 8-35　离心机试验土压力传感器布置平面图(尺寸单位:cm)

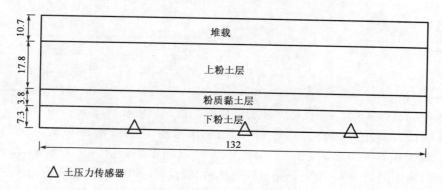

图 8-36　离心机试验土压力传感器布置剖面图(尺寸单位:cm)

为了使数据更加充实,除了上述的实测数据之外,本书还补充计算了一些数据,包括现场工程相应测量位置土的有效应力和离心机试验相应测量位置的孔压值,这样就可以实现更全面的对比分析。

8.5.2　现场工程路基中心的孔隙水压力

孔隙水压力的测量地点包括两个,桩号分别是 ZK4+550 和 ZK4+720。书中对每个桩号处不同深度的孔压值进行总结如下。

1) 现场工程 ZK4+550 处的孔隙水压力

9m 处代表了粉质黏土层的孔压变化,而 3m 和 6m 处结果则代表了上粉土层的孔压变化。由图 8-37 和表 8-10 可知,从初始孔压值看,粉质黏土层要远大于粉土层,粉土层中,6m 处孔压值比 3m 处大 60.7kPa,而 9m 处比 6m 大 116.87kPa。高度都相差 3m,但是数值差距非常大。原因在于粉质黏土层含水率增大,孔压值必然随之增大。

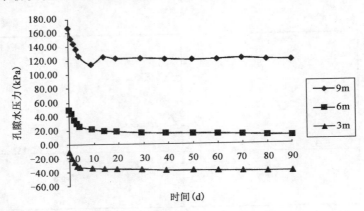

图 8-37 现场工程 ZK4+550 处的孔隙水压力

现场工程 ZK4+550 处不同时刻的测量值(kPa)　　　　　　　　　表 8-10

时间(d) \ 测量值	9m	6m	3m
0	166.85	49.98	−10.72
9	114.87	22.48	−33.86
14	125.68	20.05	−34.93
60	121.65	15.11	−38.33
90	119.93	12.30	−39.50

再从消散的过程来看,三条孔隙水压力曲线的消散都集中在前 9 天。6m 和 3m 深度处的孔压一直在消散,其中 6m 处的孔压前 9 天的消散为 27.5kPa,而后的 81 天的消散为 10.18kPa;3m 处前 9 天的消散为 23.14kPa,而后的 81 天的消散仅为 5.86kPa。9m 处孔压的消散曲线则有所不同,它是一个先迅速地跌落然后又有所反弹的过程,它在前 9 天的消散量为 51.98kPa,远大于另外两条压力曲线的消散速度,降到了最低水平,为 114.87kPa。而后在第 14 天回弹到了 125.68kPa,最后到第 90 天又消散到了 119.93kPa。三条曲线的压力消散情况之所以不同,原因在于粉质黏土层的土体含水率高,更易于压缩。但是,在土层中的水压消散之后,会使周围土体中的水量增大,孔压增大,在一段时间之后,周围土体中的自由水又会少量回流到黏土层中,所以会发生土体回弹的现象。粉土层中含水率较小,消散较慢,不会发生回弹。

2) 现场工程 ZK4+720 处的孔隙水压力

由图 8-38 和表 8-11 可知,从孔压的初始值来看,粉质黏土层的初始值仍然远大于粉土层,这和 ZK4+550 结果保持了一致。孔压消散过程中,三条孔隙水压力曲线变化与图 8-37 中相似,都是不断消散的过程。三条孔压曲线各自的变化与图 8-29 也相似,3m 与 6m 处的孔压一直在消散,没有反弹的过程,不同的是消散主要集中在前 14 天,6m 处孔压前 14 天的消散为29.63kPa,后76天消散为3.93kPa;3m孔压的前14天消散为24.15kPa,后76天消散为4.86kPa。9m处的孔压曲线有一个反弹过程,但反弹程度远小于图8-29。前4天由184.24kPa消散到153.28kPa,消散了30.96kPa,但并没有到最低值。随后在第14天反弹到156.52kPa,而后在第90天又消散到了139.37kPa。

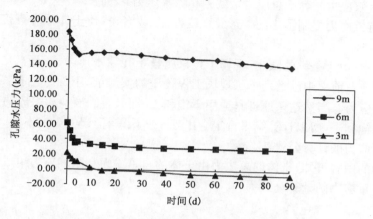

图8-38　现场工程 ZK4+720 处的孔隙水压力

现场工程 ZK4+720 处不同时刻的测量值(kPa)　　　　　　表8-11

时间(d)	9m	6m	3m
0	184.24	62.07	22.48
4	153.28	36.72	10.54
14	156.52	32.44	−1.67
60	148.24	29.16	−5.75
90	139.37	28.51	−6.53

3)两个测量地点孔隙水压力变化的对比

由表8-12可知,无论是 ZK4+550 还是 ZK4+720 处,粉质黏土层的孔压初始值都是最大的,而且孔压消散量也都是最多的。从不同深度孔压消散量的数值来看,桩号 ZK4+550,6m处比 3m 处大8.9kPa,而 9m 处比 6m 处大9.24kPa;桩号 ZK4+720,6m 处孔压比 3m 处孔压大4.55kPa,9m 孔压处比 6m 大11.31kPa。从不同孔压梯度上来讲,9m 的孔压消散量也是相对最多的。由此可知,黏土层的被加固效果要好于粉土层。所以从孔压结果分析可知,现场工程达到了重点加固黏土层的目的。

ZK4+550 和 ZK4+720 的孔隙水压力对比　　　　　　表8-12

孔压值(kPa)	ZK4+550			ZK4+720		
	9m	6m	3m	9m	6m	3m
初始值	166.85	49.98	−10.72	184.24	62.07	22.48
终止值	119.93	12.30	−39.50	139.37	28.51	−6.53
消散量	46.92	37.68	28.78	44.87	33.56	29.01

8.5.3 现场工程路基中心土的有效应力计算

由土力学可知饱和土的有效应力原理为：

(1)土的有效应力 $\bar{\sigma}$ 等于总应力 σ 减去孔隙水压力 u，即 $\bar{\sigma}=\sigma-u$。

(2)土的有效应力控制了土的变形及强度性能，或者说，使土体产生强度和变形的有效应力原理。

实际操作中，由于条件的限制，现场工程只测量了孔隙水压力值，而离心机试验只测量了土体的有效应力。前文中已经列举了现场工程孔压的实测值，下面根据孔压实测值来计算相应的土的有效应力。当然这条原理只适用于饱和土，即只有固液两相组成的土体，而现实中很难找到纯粹的饱和土，所以计算结果肯定会出现一些误差，但误差影响不大。

1)路基总应力的计算公式

由土力学的内容可知，土体的总应力由土体的自重应力和附加应力组成。

土体的自重应力的计算公式为：

$$\sigma_{cz}=\gamma \cdot z \tag{8-12}$$

成层土体中的自重应力为：

$$\sigma_{cz}=\gamma_1 \cdot h_1+\gamma_2 \cdot h_2+\cdots+\gamma_n \cdot h_n=\sum_{i=1}^{n}\gamma_i h_i \tag{8-13}$$

土体附加应力公式前面已经提到，这里不再列出。

2)总应力的计算

(1)自重应力。因为孔压值的测量位置是在埋深 3m、6m 和 9m 深的位置，所以首先要计算这三个深度处的自重应力。

3m 处的自重应力：$18.22\times3=54.66$kPa。

6m 处的自重应力：$18.22\times6=109.32$kPa。

9m 处的自重应力：$18.22\times8+19.28\times1=165.04$kPa。

(2)附加应力。计算附加应力要首先弄清路基的受力情况。首先考虑真空荷载，路基表面的真空荷载大小为 80kPa，现场工程操作时先抽了 10 天真空，等荷载值达到 80kPa 时才堆载并测量孔压，所以可以认为整个预压过程中真空荷载都是 80kPa。对于堆载预压，最大高度为4.5m，堆载曲线如图 8-39 所示。

在计算附加荷载时，首先要按照对应孔压测量的时间来找对应的堆载大小。由图 8-39 可以看出，在加载过程中，时间与荷载值不能确定，为了方便计算，文中统一采用变化时间的中间值及对应荷载作为这一时间内的堆载高度，则得到路基所受荷载与时间的关系（表 8-13）。

荷载与时间的关系   表 8-13

时间(d)	1~5	6~20	21~25	26~40	41~45	45d 以后
堆载高度(m)	0.75	1.5	2.25	3.0	3.75	4.5
堆载荷载(kPa)	13.66	27.33	41.0	54.66	68.33	82.0
真空荷载(kPa)	80.0	80.0	80.0	80.0	80.0	80.0
总荷载(kPa)	93.66	107.33	121.0	134.66	148.33	162.0

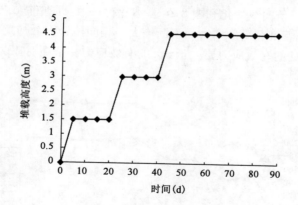

图 8-39 现场工程堆载高度与时间的关系

关于附加应力的计算过程以第 1 天 3m 深度为例说明：

真空荷载：$\sigma_1 = 80\text{kPa}$。

堆载荷载：$\sigma_2 = \gamma d = 18.22 \times 0.75 = 13.66\text{kPa}$。

路基宽度：$b = 42\text{m}$。

附加应力：$\sigma_z = (\sigma_1 + \sigma_2)\alpha_{sz} = (80 + 13.66) \times 0.99 = 92.72\text{kPa}$（$\alpha_{sz}$ 为附加应力系数，可从土力学中查询）。

然后再采用同样的方法计算，可得表 8-14。

附加应力（kPa）与时间的关系   表 8-14

时间（d） 路基深度（m）	1~5	6~20	21~25	26~40	41~45	45 以后
3	92.72	106.26	119.79	133.31	146.85	160.38
6	91.79	105.18	118.58	131.97	145.36	158.76
9	89.91	103.04	116.16	129.27	140.40	155.52

（3）土体总应力见表 8-15。

现场工程土体总应力（kPa）计算值   表 8-15

时间（d） 路基深度（m）	1~5	6~20	21~25	26~40	41~45	45 以后
3	147.38	160.92	174.45	187.97	201.51	215.04
6	201.11	214.5	227.9	241.29	254.68	268.08
9	254.95	268.08	281.2	294.33	305.44	320.56

3）土有效应力的计算值

根据表 8-15 和图 8-39、图 8-40 的孔隙水压力值，得到现场工程可能的土的有效应力值。

由图 8-40 可知，在最初的前 10 天，土的有效应力的增长最快，这和孔隙水压力消散最快的时间基本保持一致。而后堆载还在继续，孔隙水压力的消散基本不变，所以土的有效应力的增长与堆载高度的增长基本保持了一致，在堆载到 50 天、4.5m 以后基本不变。三条曲线从数值上看，9m 处有效应力最小，3m 和 6m 处基本相同。

由图 8-41 可知,三条曲线变化和图 8-24 基本保持一致,即在前 10 天左右增长最快,与孔压的消散同步,而后随着堆载高度增大而不断增大。相同位置有效应力比图 8-40 中要小,9m 的有效应力最小,6m 处的有效应力要大于 3m 的有效应力。下面对比两处孔压监测点有效应力的数值,如表 8-16 所示。

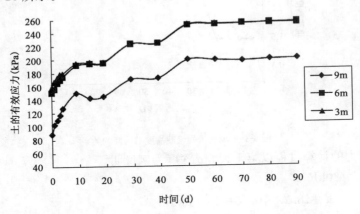

图 8-40 现场工程 ZK4+550 土的有效应力计算值

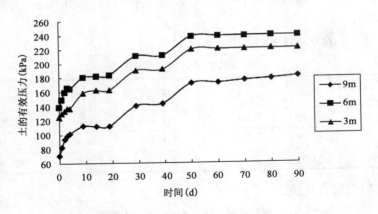

图 8-41 现场工程 ZK4+720 土的有效应力计算值

土的有效应力对比(kPa)   表 8-16

时间(d)	ZK4+550			ZK4+720		
	9m	6m	3m	9m	6m	3m
0	88.1	151.13	158.1	70.71	139.04	124.9
9	150.21	192.02	194.78	112.33	180.53	158.35
90	200.63	255.78	254.54	181.19	239.57	221.57
总增长	112.53	104.65	96.44	110.48	100.53	96.67

由表 8-16 可知,黏土层土的有效应力增长最快,与之前孔压的消散量基本保持一致。总的来看,粉质黏土层中有效应力的增长量最大,原因在于粉质黏土层含水率大,易于压缩,排水

时间较长,故孔压消散值较大。

8.5.4 离心模型中心土的有效应力

1)路基加固中心土的有效应力

由图 8-42 和表 8-17 可知,三条有效应力曲线的主要增长时间都在前 20 天,这和之前离心机试验的沉降的曲线规律基本一致,在第 20 天时,传感器 6、传感器 7、传感器 8 测得的有效应力分别为168.1kPa、169.2kPa、168.7kPa;20~60 天时,三条曲线都基本保持了水平。60 天以后撤去真空荷载,传感器 6 处的应力不变,而传感器 7、传感器 8 处的应力都有一些小的反弹,分别从 169.7kPa 和169.1kPa 恢复到了 168.7kPa 和168.6kPa。

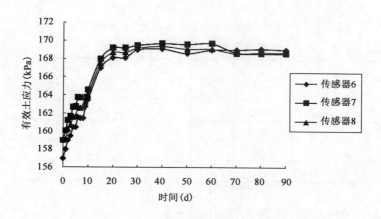

图 8-42 土压传感器 6、7、8 的有效应力实测值

传感器 6、7、8 不同时间的有效应力　　　　　　　　　　　表 8-17

时间(d)	传感器 6 应力值(kPa)	传感器 7 应力值(kPa)	传感器 8 应力值(kPa)
0	157	159	159
10	163.5	164.6	164
20	168.1	169.2	168.7
60	169	169.7	169.1
90	169	168.7	168.6

2)路基断面处土的有效应力

由图 8-43 和表 8-18 可知,与路基断面沉降曲线相似,在前 20 天,有效应力的增长是最快的。因为传感器 7 处位于路基中心,所以 7 处的有效应力是最大的,传感器 9 和传感器 10 距离中心处越来越远,所以应力也越来越小。在 20~60 天,传感器 7 处的应力基本不变,而传感器 9 处和传感器 10 处的应力还在增大,说明传感器 7 和传感器 9 的增长时间要长。而在 60 天抽真空结束后,传感器 7 处的应力有所回弹,而传感器 9 和传感器 10 处的应力还在增长,说明在工后 9 和 10 处还发生了一定的固结。

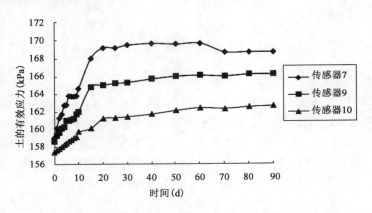

图 8-43　土压传感器 7、9、10 的有效应力实测值

传感器 7、9、10 不同时间的土应力值　　　　　　　　　表 8-18

时间(d)	传感器 7 应力值(kPa)	传感器 9 应力值(kPa)	传感器 10 应力值(kPa)
0	159	158.6	157.4
10	164.6	162	159.7
20	169.2	165	161.2
60	169.7	166.1	162.4
90	168.7	166.2	162.6

8.5.5　离心模型中心孔隙水压力的计算

以上内容分析了离心机试验中路基模型加固中心处的土的有效应力,下面来求解路基模型中心区域土体总应力,进而求解孔隙水压力。

离心机试验与现场工程相比,有很多不同之处,主要表现在以下三个方面:

(1)几何尺寸大小不同。离心机模型是按照现场工程路基大小的 45 倍相似比进行缩小设计的。

(2)重力加速度不同。离心机试验的重力加速度是一般重力加速度的 45 倍,即 $9.81 \times 45 = 441.5 \mathrm{kg/s^2}$。

(3)堆载方式不同。离心机试验采用一次堆载的方式,堆载荷载始终为最大值。

以上三个不同也决定了计算得出的总应力的不同,例如土体的重度变为原来的 45 倍,即 $18.22 \times 45 = 819.9 \mathrm{kN/m^3}$。

1)总应力的计算

(1)土体自重应力的计算。由图 8-44 可知,离心模型三层土体的总高度为 28.9cm。由于只知道箱底处的土的有效应力,所以要计算箱底的自重应力:

$$\sigma_{cz} = \gamma_1 n h_1 + \gamma_2 n h_2 + \gamma_3 n h_3$$
$$= 18.22 \times 45 \times 0.178 + 19.28 \times 45 \times 0.038 + 19.12 \times 45 \times 0.073$$
$$= 241.72 \mathrm{kPa}$$

(2)附加应力的计算。为了计算附加应力,需要确定路基所受的荷载。首先可以确定真空荷载为抽真空时的真空度大小，又由图 8-36 可知，路堤堆载的高度为 10.7cm，由此可以确定两种荷载的大小：

$$\sigma_1 = 80kPa$$

$$\sigma_2 = \gamma_1 nh = 18.22 \times 45 \times 0.107 = 87.73kPa$$

下面通过前面推导的公式(8-8)来计算离心机试验中地基所受的附加应力。这里存在一个问题，根据图 8-6 中的尺寸，模型宽度是 62cm，由前面内容可知，离心机试验模拟的宽度是现场工程宽度大小的 2/3 再除以 45 进行缩小的。由于本文将中心位置定义在了宽度方向 46.5cm 的位置，这样就决定了计算宽度应该是 46.5×2＝93cm。由此可得模型底部的附加应力：

$$\sigma_z = \alpha_c p_0 = 0.95 \times (80 + 87.73) = 159.34kPa$$

（3）土体总应力：

$$\sigma = \sigma_{cz} + \sigma_z = 401.06kPa$$

理论上讲，离心机模型总应力是不变的。

2）路基中心孔隙水压力的计算值

由图 8-44 可知，路基中心三条孔压曲线的变化基本相同，原因在于模型中总应力不变，孔压的变化正好与土的有效应力变化相反。这也就决定了孔压消散的主要时间段仍然为前 20 天，从 20～60 天孔压基本保持不变，而在第 60 天后又有所反弹。路基中心不同时刻的孔压值见表 8-19。

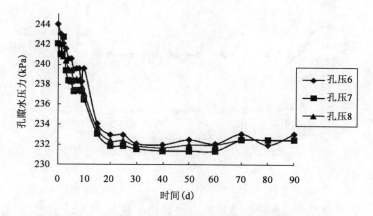

图 8-44　离心机试验路基中心孔隙水压力计算值

路基中心不同时刻的孔压值　　　　　　　　　　　　表 8-19

时间(d)	孔压 6(kPa)	孔压 7(kPa)	孔压 8(kPa)
0	244.01	242.06	242.06
10	239.56	236.46	237.06
20	232.96	231.86	232.36
60	232.06	231.36	231.96
90	233.06	232.46	232.46

8.6　孔隙水压力和土的有效应力综合分析

本书已经列出了现场工程的孔隙水压值和离心机试验的有效应力,而且还通过理论计算得出了现场工程的有效应力和离心机试验的孔隙水压值,由于现场工程的测量位置在路基中心位置埋深 3m、6m 和 9m 处,而离心机试验模型的测量位置在模型箱底部,相当于实际工程的 13m 处,所以在本节中就把离心机试验的测量值结果当作工程实际中埋深 13m 处的值来处理。本节要将孔隙水压和土的有效应力都集合在一起进行综合分析,并据此来对实际的路基加固效果进行分析。

8.6.1　路基中心的孔隙水压力值

由于现场工程包括两个桩号的孔隙水压测量值,所以本书将两个桩号的孔压值分别和离心机试验的孔压计算值合并在一起进行分析。

由图 8-45 和图 8-46 可知,从孔压的初始值来看,路基深度越大,孔压的初始值越大。在图 8-46 中,6m 处的孔压初值比 3m 处大 60.7kPa,9m 处的孔压初值比 6m 处大 116.87kPa,13m 处的孔压初值比 9m 处的孔压大 68.56kPa,说明 9m 处的孔压初值比其他三个位置的要大很多,原因在于粉质黏土层的含水率要大于粉土层的含水率。

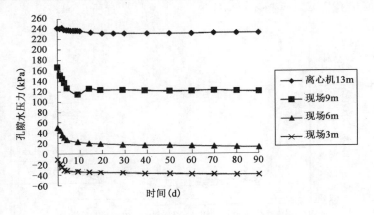

图 8-45　现场工程 ZK4+550 与离心机路基中心孔压

从孔隙水压消散量来看,由于本书之前已经分析了现场试验的消散量,这里重点分析现场试验的孔压值和离心机试验的孔压值分布的不同之处。从孔压的消散量可以看出,离心机试验的孔压消散量要远低于现场工程的孔压消散量。表 8-10 中现场工程 ZK4+550 处三条孔压曲线的消散量分别为 46.92kPa、37.68kPa 和 28.78kPa,表 8-11 中分别为 44.87kPa、33.56kPa和29.01kPa。离心机试验的孔压的消散量分别是 11.0kPa、9.6kPa 和 9.6kPa。两者相差较大最可能的原因是,在离心机高速运行过程中,由于离心机模型箱底是封闭的,所以有很多水无法排出,而是被挤压到了模型箱底,这可以通过拆除模型时底部有大量水来得到证实。这样就使得模型底部的孔压很难消散,因此孔压的消散量才会远低于现场工程。

基于以上的分析可知,结合实际工程来看,在路基埋深 13m 处为下粉土层,它的孔压消散量远小于9m处。由于含水率和加固深度的不同,本文无法有效预测现场工程13m处的实际消散量,但从离心机测量值观察,它不会超过实际工程中9m处的消散量。所以可以得出结论,从孔压值的消散来看,粉质黏土层的加固效果要好于粉土层,达到了重点加固粉质黏土层的目的。

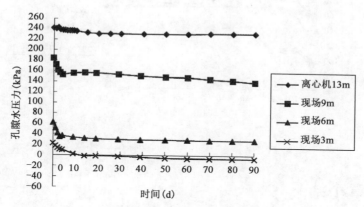

图 8-46　现场工程 ZK4+720 与离心机路基中心孔压

8.6.2　路基中心土的有效应力

在分析土的有效应力时,同样可以将离心机试验的有效应力测量值作为现场工程13m处的孔压值进行分析,如图8-47所示。

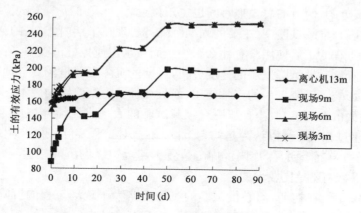

图 8-47　现场工程 ZK4+550 与离心机试验土的有效应力

由图8-47和图8-48可知,从有效应力初始值来看,13m处的土的有效应力初值远大于其他三个埋深的有效应力。原因在于离心机模型始终处于真空预压和堆载预压最大值的状态,所以在试验开始之前就有一个比较大的初始值。而现场试验的则是分级进行堆载,所以有效应力会逐渐递增。50天以后四个深度的有效应力值基本稳定,不过黏土层的数值又有所增长。从总的变化趋势来看,随着土体深度的增大,土体有效应力值基本在减小。由之前的结果也可以得知,黏土层的有效应力增加是最多的。

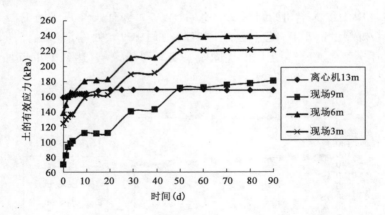

图 8-48　现场工程 ZK4+720 与离心机试验土的有效应力

8.7　本章小结

本章主要对水泥搅拌桩和真空堆载联合预压的离心机试验结果进行了对比分析,主要对比了沉降、土压力、分层沉降和含水率的变化情况。此外,还对两种工法的试验方案和试验过程作了介绍,并且对试验中的数据,分析指标包括沉降量、孔隙水压力和土的有效应力作了计算和比较,得到如下结论:

(1)真空堆载联合预压试验和水泥搅拌桩试验不论是在总沉降量上还是在总土压力的变化量上都是比较接近的,两者的总模拟时间也比较接近,这就印证了两个试验结果的合理性。

(2)真空预压联合堆载试验中,主要的固结沉降都出现在工期内,工后的整体沉降比较小,而且变化平稳,对工程的工后使用没有什么影响。而在水泥搅拌桩试验中,所有的沉降都出现在了工后,而且在开始时期沉降发展的速度过快,后期的沉降发展也较真空预压联合堆载试验快得多,这就严重影响了工程工后的正常使用,而且增加了后期修缮的成本。

(3)在路堤断面的沉降上,真空预压联合堆载试验的表现水泥搅拌桩更为优秀,不均匀沉降的最大值也不超过 5mm,可以认为是均匀沉降,不会对工程实际使用产生影响。而反观水泥搅拌桩试验,不均匀沉降明显,加固区中心位置和路堤边缘的沉降差达到了 30mm,这对高速公路的实际使用影响还是比较大的。

(4)从沉降量来看,在初期,离心机试验的沉降量略大于现场工程的沉降量,但在 20d 以后,现场工程的沉降量逐渐大于离心机的沉降量,直到沉降结束。

(5)从孔隙水压力和土的有效应力分布来看,由于边界条件、堆载方式和排水条件的差异,现场工程的孔隙水压和有效应力变化幅度要远大于离心机试验,但是在现场堆载完成后即45 天之后,二者结果基本上都保持了相同的变化规律。

(6)总的来看,离心机试验还是可以较好地反映现场工程的变化,表 8-10 中的沉降结果还可以作为参考,为以后数值模拟值的验证提供支持。

第9章 流固耦合的理论分析

9.1 引言

第8章分析了离心机试验结果,从沉降量、孔隙水压力和土的有效应力三个方面对水泥土搅拌桩和真实堆载联合预压两种方法的结果进行了分析和对比。然而,从加固的机理方面看,无论是真空堆载联合预压法的现场工程还是离心机试验,最基本的原理都是土和水之间的流固耦合过程。随着工程建设的增多,流固耦合的应用也越来越广泛,而且各种大型工程软件也在很多工程中得到广泛应用。由第8章可以了解,单就现场工程和离心机试验的结果而言,大多是从宏观角度来对路基的加固效果进行评价的,没有全面分析加固过程中水和土的具体变化。所以在本章中将重点介绍流固耦合的基本理论,并且通过有限元与离散元的对比,结合真空堆载联合预压法的实际研究情况,说明如何运用离散元对工程进行模拟。

9.2 流固耦合的基本理论和研究方法

9.2.1 流固耦合的基本理论

从本质上讲,流固耦合是研究流体和固体相互作用的力学学科。从具体的方面来说,流固耦合作用一般都发生在两种介质之间,它研究的主要内容是固体在流体作用下发生的运动和变形,然后这些固体发生的运动和变形又反过来作用于流体,这样就会使流体的速度大小和分布都发生改变。由此可知,流固耦合现象可以发生在众多不同性质的流体和固体之间,也就会产生各种各样不同的情况。

按照机理可以将流固耦合问题分为两大类:

(1)流体和固体的耦合程度较大,甚至重叠在一起。这样就要求物理方程需要针对具体的物理现象来建立,流体和固体之间的耦合效应就通过微分方程来体现。

(2)流体和固体的耦合程度很小或者只发生在两种介质的接触表面。这种情况要求物理方程要针对两种耦合界面的平衡和协调来进行。

9.2.2 流固耦合的特点及其研究方法

从微观上来看,流固两相介质都占有各自的区域,流体可以从不同的路径在固体的孔隙通道中流动,它们之间流固耦合的作用要通过交界面上的效应来反映。但是由于固体的孔隙结构非常复杂,而且颗粒的大小不一、形状各异、排列顺序错乱。因此,想要通过精确的数学方法来描述这些复杂的流固耦合作用是绝对不可能的。而且,即使能研究这些局部的变化,对于实际工程也没有太大的意义。为了更好地研究和应用,必须由微观转向较为宏观的层面,如渗流场、位移场,以此来观察水和土的运动。

流固耦合问题的显著特征是相互融合,难以区分,因此要研究流固耦合问题,必须将流体和固体视为一个连续的介质进行研究,在耦合程度不大的时候则可以视为离散的介质。当然,连续介质的流固耦合问题适合于有限元的软件,因为有限元的软件适用于连续介质力学的宏观连续性假设。本书中所用的软件是离散元软件,需要材料看作离散元的介质,在模拟研究的过程中肯定有所不同。这个在以后的研究中会进行说明。

9.3 有限元的基本理论与工程应用

9.3.1 有限元的流固耦合理论

有限元一般遵循连续介质力学的宏观连续性假设,在流固耦合方面,最重要的理论包括太沙基固结理论和 Biot 固结理论。太沙基理论的局限性在于它只在一维的情况下是准确的,对二维三维都不够准确。Biot 固结理论则适用于二维和三维固结的情况,这个理论被推出于1840 年,比奥从连续介质的理论出发,推导出了孔隙水压力消散和土骨架变形之间关系的三维固结方程,提出了比奥固结理论,也称为真三维固结理论。

比奥固结理论的假设如下:
①土骨架变形是线弹性的。
②变形是微小的。
③孔隙水流动符合达西定律。
④空隙中的水是不可压缩的,渗流速率很小。
下面对 Biot 理论作推导。
(1)平衡方程
假设一个均质、各向同性的饱和土体单元 $dxdydz$,若体力只考虑重力,z 坐标向上为正,以土体为隔离体(土骨架和孔隙水),则三维平衡微分方程为:

$$\left.\begin{matrix} \frac{\partial \sigma_x}{\partial x} + \frac{\partial \tau_{xy}}{\partial y} + \frac{\partial \tau_{xz}}{\partial z} = 0 \\ \frac{\partial \tau_{xy}}{\partial x} + \frac{\partial \sigma_y}{\partial y} + \frac{\partial \tau_{xz}}{\partial z} = 0 \\ \frac{\partial \tau_{xz}}{\partial x} + \frac{\partial \tau_{yz}}{\partial y} + \frac{\partial \sigma_z}{\partial z} = -\gamma \end{matrix}\right\} \quad (9-1)$$

式中:σ——正应力;
τ——切应力;
γ——体积力。
(2)有效应力原理

以骨架为隔离体,以有效应力表示平衡方程。根据有效应力原理,总应力等于有效应力 $\bar{\sigma}$ 与孔隙水压力 p_w 之和,而孔隙水压力等于静孔隙水压力与超孔隙水压力之和,表示如下:

$$\left(\begin{matrix} \sigma = \bar{\sigma} + p_w \\ p_w = (z_0 - z) \end{matrix}\right) \tag{9-2}$$

将式(9-2)代入式(9-1),得:

$$\left\{\begin{matrix} \dfrac{\partial \bar{\sigma}_x}{\partial x} + \dfrac{\partial \tau_{xy}}{\partial y} + \dfrac{\partial \tau_{xz}}{\partial z} + \dfrac{\partial u}{\partial x} = 0 \\[2mm] \dfrac{\partial \tau_{xy}}{\partial x} + \dfrac{\partial \bar{\sigma}_y}{\partial y} + \dfrac{\partial \tau_{yz}}{\partial z} + \dfrac{\partial u}{\partial y} = 0 \\[2mm] \dfrac{\partial \tau_{xz}}{\partial x} + \dfrac{\partial \tau_{yz}}{\partial y} + \dfrac{\partial \bar{\sigma}_z}{\partial z} + \dfrac{\partial u}{\partial z} = -\gamma \end{matrix}\right\} \tag{9-3}$$

$\dfrac{\partial u}{\partial x}$、$\dfrac{\partial u}{\partial y}$、$\dfrac{\partial u}{\partial z}$ 实际上是作用在骨架上的渗透力的三个方向的分量,与 γ 一样为体积力。

(3)本构方程

比奥理论假定土骨架是线弹性体,服从广义的胡克定律,根据弹性力学本构方程,应力用应变来表示:

$$\left\{\begin{matrix} \bar{\sigma}_x = 2G\left(\dfrac{v}{1-2v}\varepsilon_v + \varepsilon_x\right) \\[3mm] \bar{\sigma}_y = 2G\left(\dfrac{v}{1-2v}\varepsilon_v + \varepsilon_y\right) \\[3mm] \bar{\sigma}_z = 2G\left(\dfrac{v}{1-2v}\varepsilon_v + \varepsilon_z\right) \\[3mm] \tau_{yz} = G\gamma_{yz}, \tau_{xy} = G\gamma_{xy}, \tau_{xz} = G\gamma_{xz} \end{matrix}\right\} \tag{9-4}$$

式中:G、v——剪切模量和泊松比。

$$\varepsilon_v = \varepsilon_x + \varepsilon_y + \varepsilon_z$$

(4)几何方程

利用集合方程将应变表示成位移,设 x、y、z 方向的位移为 u^s、v^s、w^s 在小变形的假设下,六个应变应变分量为:

$$\left\{\begin{matrix} \varepsilon_x = -\dfrac{\partial u^s}{\partial x}, \varepsilon_y = -\dfrac{\partial v^s}{\partial y}, \varepsilon_x = -\dfrac{\partial w^s}{\partial z} \\[3mm] \gamma_{yz} = -\left(\dfrac{\partial v^s}{\partial z} + \dfrac{\partial w^s}{\partial y}\right) \\[3mm] \gamma_{xz} = -\left(\dfrac{\partial u^s}{\partial z} + \dfrac{\partial w^s}{\partial x}\right) \\[3mm] \gamma_{xy} = -\left(\dfrac{\partial v^s}{\partial x} + \dfrac{\partial u^s}{\partial y}\right) \end{matrix}\right\} \tag{9-5}$$

式中:ε_x、ε_y、ε_z——x、y、z 方向的正应变。

(5)固结微分方程

将本构方程、几何方程带入平衡方程,就得到以位移和孔隙水压力表示的平衡微分方程:

$$\left.\begin{array}{l} -G\,\nabla^2 u^s - \dfrac{G}{1-2v}\dfrac{\partial}{\partial x}\left(\dfrac{\partial u^s}{\partial x}+\dfrac{\partial v^s}{\partial y}+\dfrac{\partial w^s}{\partial z}\right)+\dfrac{\partial u}{\partial x}=0 \\[4mm] -G\,\nabla^2 v^s - \dfrac{G}{1-2v}\dfrac{\partial}{\partial x}\left(\dfrac{\partial u^s}{\partial x}+\dfrac{\partial v^s}{\partial y}+\dfrac{\partial w^s}{\partial z}\right)+\dfrac{\partial u}{\partial y}=0 \\[4mm] -G\,\nabla^2 w^s - \dfrac{G}{1-2v}\dfrac{\partial}{\partial x}\left(\dfrac{\partial u^s}{\partial x}+\dfrac{\partial v^s}{\partial y}+\dfrac{\partial w^s}{\partial z}\right)+\dfrac{\partial u}{\partial z}=-\gamma \\[4mm] \nabla^2 = \dfrac{\partial^2}{\partial x^2}+\dfrac{\partial^2}{\partial y^2}+\dfrac{\partial^2}{\partial z^2} \end{array}\right\} \tag{9-6}$$

式中：∇^2——拉普拉斯算子。

式(9-6)中包含三个方程、四个未知量(u^s、v^s、w^s、u)，想要求解还要补充上一个额外的方程。因为水是不可压缩体，所以对于饱和土来说，土体单元体内水体积的变化量在数值上等于土体积的变化率，然后根据达西定律得：

$$\frac{\partial \varepsilon_v}{\partial t} = -\frac{K}{\gamma_w}\nabla^2 u$$

展开用位移表示为：

$$-\frac{\partial}{\partial t}\left(\frac{\partial u^s}{\partial x}+\frac{\partial v^s}{\partial y}+\frac{\partial w^s}{\partial z}\right)+\frac{K}{\gamma_w}\nabla^2 u = 0 \tag{9-7}$$

式中：K——渗流系数；

γ_w——水的重度。

$$\left.\begin{array}{l} -G\,\nabla^2 u^s - \dfrac{G}{1-2v}\dfrac{\partial}{\partial x}\left(\dfrac{\partial u^s}{\partial x}+\dfrac{\partial v^s}{\partial y}+\dfrac{\partial w^s}{\partial z}\right)+\dfrac{\partial u}{\partial x}=0 \\[4mm] -G\,\nabla^2 v^s - \dfrac{G}{1-2v}\dfrac{\partial}{\partial x}\left(\dfrac{\partial u^s}{\partial x}+\dfrac{\partial v^s}{\partial y}+\dfrac{\partial w^s}{\partial z}\right)+\dfrac{\partial u}{\partial y}=0 \\[4mm] -G\,\nabla^2 w^s - \dfrac{G}{1-2v}\dfrac{\partial}{\partial x}\left(\dfrac{\partial u^s}{\partial x}+\dfrac{\partial v^s}{\partial y}+\dfrac{\partial w^s}{\partial z}\right)+\dfrac{\partial u}{\partial z}=-\gamma \\[4mm] -\dfrac{\partial}{\partial t}\left(\dfrac{\partial u^s}{\partial x}+\dfrac{\partial u^s}{\partial y}+\dfrac{\partial w^s}{\partial z}\right)+\dfrac{K}{\gamma_w}\nabla^2 u = 0 \end{array}\right\} \tag{9-8}$$

以上就是比奥三维固结方程，方程组中包含了 4 个偏微分方程，一共有 4 个未知数，即 u^s、v^s、w^s、u，这四个未知数都是坐标和时间的函数。有了确定的初始条件和边界条件以后，就能求解出这四个未知量。以上方程提出之后，由于条件限制一直没有得到广泛的应用。后来随着有限元理论的出现，真三维固结理论才受到了重视，并且在工程中实现了广泛应用。

9.3.2 有限元在真空堆载联合预压法的应用

目前，真空堆载联合预压法的模拟以有限元程序为主，例如 ABAQUS 和 ANSYS，还包括有限差分软件 FLAC³ᴰ。随着对真空堆载联合预压法研究的增多，现在已经形成了一套非常完整的研究思路：凡是经过真空堆载联合预压法处理的路基，两边都要挖槽蓄水，并且将路基表面进行平整，才有利于打排水板和覆盖薄膜。这样就形成了路基横向的对称结构，所以在选择研究对象时取一半的路基研究即可。这样，就建立了整体的路基模型，然后便可进行各种细致的分析。以下为有限元研究真空堆载联合预压法的实例：

郭丰永等结合京津一带高速公路的软土路基条件和处理方法建立了有限元模型，运用现场工程勘测的参数和有限差分软件 FLAC^{3D} 对软土的各种变形进行了数值模拟,分析了地基沉降重点是路基表面的沉降的变化。

涂先华使用 ABAQUS 软件的二次开发平台编写了塑料排水板单元 UEL 子程序,对天津的港东疆港区造陆工程 322 区进行了仿真并与实测结果比较分析,证明了仿真分析的结果是正确的,也证明了塑料排水板单元 UEL 的子程序是可行的。

徐乃芳对陈家港电厂干棚软土地基的加固工程进行了数值分析,结合 ANSYS 的程序特点,对模拟对象进行了模型简化、网格划分、设置边界条件、参数选择,最后进行计算。充分考虑了真空堆载联合预压法中真空预压和堆载预压的加压顺序,以及加压区对周围非加固区的影响,并且讨论了工程中实测值和模拟值的差距。

如图 9-1 所示为 ABAQUS 模拟真空堆载联合预压的数值模拟,可以看出,下面的矩形部分为路基模型部分,上面的不规则四边形为荷载部分。荷载部分以下是路基的加固区,加固区右面为非加固区。由于是举例分析,所以无法详细描述路基的变化过程。一般情况下,变化的显著程度是从左到右依次减弱。原因是模型左侧是路基的加固中心区域(取了一半路基进行研究),所受的加固作用是最强的。

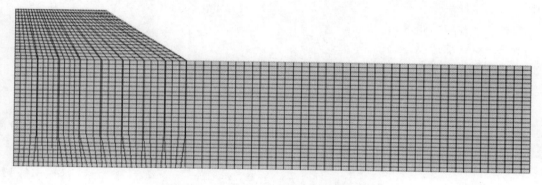

图 9-1　基于 ABAQUS 的网格划分模型图

9.4　离散元的基本理论和流固耦合理论

9.4.1　离散元的基本原理

顾名思义,离散元就是将软件中的用来模拟的工具设置成一个个离散单元,不再符合有限元连续介质力学的宏观假设。离散元的提出最初是为了解决岩石力学问题,后来又扩展到了土体的研究领域。离散元的模型被称为离散体,可以看作是有限个离散单元的组合,根据离散元单元的特征,可以分为颗粒和块体两个体系。比如最流行的离散元软件有两种,即 UDEC 和 PFC,分别是以块体和颗粒作为离散单元,虽然都是离散元,但研究所使用的范围也是不同的。

离散元通过建立离散模型来模拟散粒的运动和它们之间的互相作用。由于是离散模型,所以颗粒之间的相互作用始终处于动态平衡的发展过程,即任何时候离散模型内部都不会出现绝对的平衡和稳定。另外,外部施加的任何力以及颗粒本身的体力都将会通过墙和颗粒的行为产生各种作用。动态过程能够传播速度,这和系统的物理属性有关。

离散元在计算过程中遵循牛顿第二定律,力的来源包括接触和位移关系的交替进行。牛顿第二定律决定了每一个颗粒的运动和旋转的具体行为,而这些行为又是由于接触力与外力、体力的作用而产生。与此同时,力与位移的关系又用来更新每一对接触力。

9.4.2 离散元的流固耦合理论

(1)连续方程和 $N-S$ 方程

对于固体和流体两种介质之间的流体连续方程为:

$$\frac{\alpha_{\mathrm{n}}}{\alpha_{\mathrm{t}}} = -(\nabla nu) \tag{9-9}$$

流体力学方程为:

$$\frac{\alpha(nu)}{\alpha t} = -(\nabla nuu) - \frac{n}{\rho_{\mathrm{f}}}\nabla p - \frac{n}{\rho_{\mathrm{f}}}\nabla\tau + ng + \frac{f_{\mathrm{int}}}{\rho_{\mathrm{f}}} \tag{9-10}$$

式中:u——流速矢量;

t——黏性应力张量;

g——重力加速度;

ρ_{f}——流体密度;

f_{int}——单位体积内颗粒与流体的相互作用力。

(2)颗粒体和流体的相互作用

流体的运动十分复杂,这个假定流体只在 x 方向发生运动,这样在 x 方向就存在压力梯度。假设这个单元内的颗粒在 x 方向的力保持平衡,那么颗粒受到的总的作用力如下:

$$f_{\mathrm{dsum}} = \sum_{i=1}^{n_p} f_{\mathrm{dix}} = -f_{\mathrm{int}_x}\Delta x\Delta y\Delta z - \frac{\mathrm{d}p}{\mathrm{d}x}\frac{\pi}{6}\sum_{i=1}^{n_p}d_{p_i}^3 \tag{9-11}$$

式(9-11)中表示的是颗粒与流体每个单元体积之间的互相作用力,d_{pi} 是颗粒的直径,n_p 是该单元内颗粒数目。等号右面的第一项的负号表示作用力是正的,第二项表示受到压力梯度引起的力,负号的含义是在力在渗流方向逐渐减小。离散元流固耦合作用模型如图9-2所示。

孔隙率的定义如下:

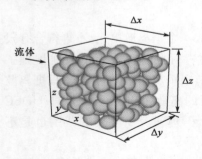

图 9-2 离散元流固耦合作用模型

$$\Delta x\Delta y\Delta z = \frac{\frac{\pi}{6}\sum_{i=1}^{n_p}d_{p_i}^3}{1-n} \tag{9-12}$$

因此,将式(9-12)代入式(9-11),得:

$$f_{\mathrm{dsum}} = \sum_{i=1}^{n_p} f_{\mathrm{dix}} = -\left(\frac{f_{\mathrm{int}_x}}{1-n} + \frac{\mathrm{d}p}{\mathrm{d}x}\right)\frac{\pi}{6}\sum_{i=1}^{n_p}d_{p_i}^3 \tag{9-13}$$

采用一般的形式,即渗流发生在任何方向上,单个颗粒所受到的作用力可以表示为:

$$f_{\mathrm{d}_{ij}} = -\left(\frac{f_{\mathrm{int}_x}}{1-n} + \nabla p_j\right)\frac{\pi d}{6}\mathrm{d}_{pi}^3 \tag{9-14}$$

PFC²ᴰ中的流体采用网格的形式进行添加(图9-3)。在创建了土颗粒之后即可添加流体网格,对于流体,可以添加速度和力两种作用。本文中采用的是添加力的方式。根据真空堆载联合预压法的作用原理,真空负压使得土体中的空气迅速抽空,土体中的水受到了真空负压的作用而流向排水板。可以通过在流体网格的边界施加作用力,大小与真空负压相同来模拟抽真空。这样便达到了模拟土体中排水以及流体和土颗粒相互作用的目的。

9.4.3 离散元在真空堆载联合预压法中的应用

由于离散元在设计初期就是针对离散体的,所以离散元在结构整体性方面的性质比较差。这样就决定了离散元不能像有限元那样建立整体模型进行研究,而且有关真空堆载联合预压法的研究还很少,没有形成完整的研究体系,主要的研究现状如下:

2010年,习志雄用PFC²ᴰ对真空预压法中水的渗流做了模拟,并通过多种工况下预压效果的分析,拟合出最合理的预压方法。

2008年,周靖用PFC²ᴰ对堆载预压法进行了模拟,并用模拟的沉降值与实际的沉降值进行对比,结果基本一致。这些研究内容都值得参考。

如图9-4所示是习志雄用PFC²ᴰ对两个排水板之间一小段土体进行的模拟,并且采用80kPa的预压力进行加载,通过分析孔隙率的变化来讨论预压效果。这是本书作者找到的离散元研究真空预压法的最早的文献,很具有借鉴意义。

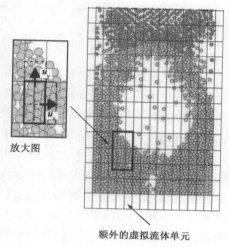

放大图

额外的虚拟流体单元

图9-3 流体网络的示意图

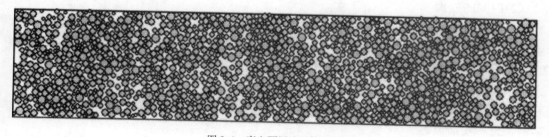

图9-4 真空预压法土体单元

9.5 有限元和离散元的对比和研究目的

9.5.1 有限元和离散元的对比

由以上的理论分析和实例介绍,可以看到有限元和离散元之间存在非常大的区别。主要表现在以下几个方面,如表9-1所示。

表 9-1

有限元和离散元的对比

软件特点	有 限 元	离 散 元
假设	基于连续力学的宏观连续性假设	基于离散颗粒的假设,颗粒体系的运动遵守经典力学定律
研究对象	针对宏观研究对象,可以对较大的整体模型进行模拟	针对细观介质的变化,可以对整体中某一个部分进行细微的模拟
结果	展现整体模型中不同部分的连续变化	展现细微部分不同颗粒的变化和较小部分的整体变化

9.5.2 离散元的研究目的

根据以上的分析可以看出,有限元的思路为整体选取,然后再进行细致研究。而离散元的就只取了一小段土体进行研究,观察细观的变化。由经验可知,土体本身就是一个非常复杂的介质,土颗粒是一个个非常微小的颗粒,但组合到一块就是一个相对完整的整体。也就是说,它既具有离散型,也具有整体性。有限元的研究中侧重土体的整体性,利用整体模型进行研究,而没有充分考虑土颗粒之间的作用对路基固结的变化。而离散元模型本身就是由众多颗粒构成的,软件侧重研究土体的离散性,可以从较为细观的角度进行研究。例如离散元中包括水的渗流场、土颗粒的位移场,这样就可以模拟水的流动方向和土颗粒的运动方向,通过孔隙率研究土颗粒之间的紧密程度。当然,对于离散元来说,沉降也是一个非常重要的指标,可以用来验证模型的正确性。这其中的主要问题包括以下方面:

(1)研究对象的选取

由于软件功能的不同,本书不能再像有限元那样以整个路基为研究对象。需要根据实际情况,让选取对象既能反映实际变化,又具有代表性。

(2)时间的处理

根据本书作者对离散元的了解和相关文献的查阅,未能找到一种合适的方法将软件中的运算时步和实际时间相对应。这就需要用其他的方法来研究实际时间和软件中计算步的对应关系。

(3)边界条件的确定

由于所选模型的不同所以边界条件肯定会随之变化,在新的模型中需要什么样的边界条件,有待进一步研究。

(4)整体性不足

因为 PFC 模型是由颗粒构成的,所以离散元所表现出的整体性质肯定要受影响。这就需要在研究过程中运用各种相关的理论,使问题更符合离散元的研究特点,从而获得更好的效果。

第10章 离心机试验流固耦合分析

10.1 问题的提出

在第 8 章中,分析了现场工程和离心机试验的实测值和相关的计算值,包括沉降值、孔隙水压力和土的有效应力。通过对这些数据的分析,得出基本结论,现场工程中软基处理的加固效果好于离心机试验,而且重点加固了粉质黏土层。但是,这些内容都是对现场工程和离心机从宏观上的分析,并没有对工程当中具体的水和土的相互作用作出详细的解释。为了能深入研究路基中水和土的变化,本书用离散元软件对路基做流固耦合分析,从渗流场和位移场的角度来进一步分析。本章中介绍离心机试验的 PFC 离散元模拟。首先来看现场工程的施工设计,如图 10-1、图 10-2 所示。

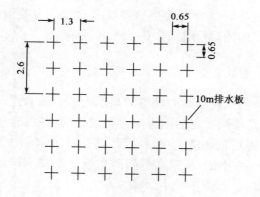

图 10-1 原设计方案(尺寸单位:m)

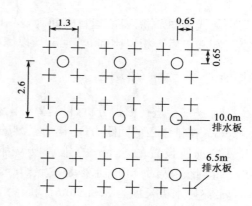

图 10-2 变更后的方案(尺寸单位:m)

原设计方案如图 10-1 所示,十字代表的是排水板的打设位置,排水板原设计方案是 10m。但是由于技术问题,只打到了 6.5m。由于 6.5m 根本打不到粉质黏土层的深度,无法加固这一段软土路基,所以必须要修改施工方案。修改后的施工方案如图 10-2 所示,在原来每四个正方形排列的排水板的中心处打设一个 10m 的空洞,插入排水板作为排水通道,间距为2.6m。

从施工的目的来看,重点加固的是粉质黏土层,它的深度位于 8m 以下,6.5m 的排水板不满足要求,本书针对主要方面进行研究,所以将 6.5m 排水板予以忽略,本书研究的 10m 长度排水板的情况。现场工程是按图 10-2 的情况施工的,但是要对变更后的方案和原施工方案都作出分析,即有两种情况:第一种是排水板长度 10m,间距 2.6m;第二种是排水板长度 10m,间距 1.3m。

10.2　现场工程原型向离心机试验模型的转变

10.2.1　离心机试验基本原理

第 7 章中已经介绍了离心机试验的基本原理,为了更清楚地说明现在的问题,需要再来简单回顾之前的理论。

(1)通过土的弹塑性理论推导出现场与离心机模型的尺寸关系:

$$g_m l_m = g_p l_p \tag{10-1}$$

根据模型箱的尺寸,将现场工程缩小了原来的 45 倍,即 $l_p = 45 l_m$,这样离心机加速度也要调整为 $g_m = 45 g_p$。

(2)通过太沙基固结理论,推出现场和离心机试验的时间关系:

$$t_m = \left(\frac{H_p}{H_m}\right)^2 t_p = \frac{1}{n^2} t_p \tag{10-2}$$

由上式可知,离心机的运行时间为现场时间的 $1/n^2$。在工程中需要观测的时间为两年,包括工期和工后。相似比例 n 为 45,所以离心机试验的运行时间为 8 小时 40 分钟。

10.2.2　离心机模型

为了进一步进行模拟分析,再对离心模型作一下描述。离心模型的高度为 28.9cm,宽度为 62cm。在排水板的间距方面,离心模型的排布是按照变更后的方案进行设计的,并没有考虑变更之前所设置的 6.5m 的排水板。因此变更后的方案是排水板长度为 10m,间距为 2.6m。因此在做试验时排水板是按照 10.5m 进行缩小的,所以在模拟时也按这个要求进行缩小,最终排水板长度为 233.3mm,间距为 57.7mm。如图 10-3 所示。

10.2.3　研究对象的确定

如图 10-4 所示为真空堆载联合预压的示意图,图中按照对称法则从路基中心分开选取了一半。对于实际情况来说,由于不同位置所受的加固荷载不同,所以从加固中心到加固区边缘,固结效果依次减弱。离散元为散体软件,不能对整个截面进行研究,所以必须从中有重点地选择分析对象进行研究。由工程实践可知,路基中心处的加固效果是最好的,而且现场工程和离心机试验的沉降测量位置也是路基中心处,所以本文选择路基中心处两个排水板之间的土体作为一个计算单元,如图中虚线阴影部位所示。计算单元的尺寸图和模拟图如图 10-5～图 10-8 所示。

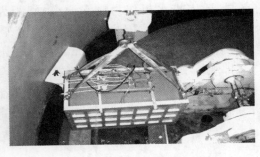

图 10-3　离心机模型进入离心机

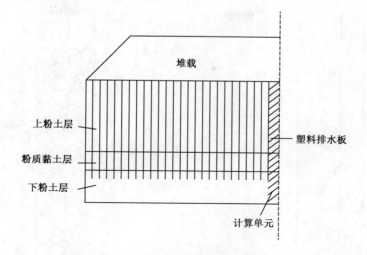

图 10-4　真空堆载联合预压法加固路基示意图

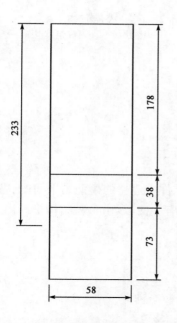

图 10-5　2.6m 间距尺寸图(尺寸单位:mm)

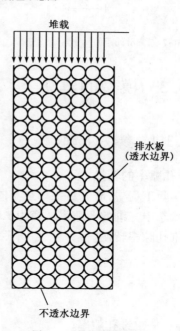

图 10-6　数值模拟的模型

由以上四幅图中可以看出。在尺寸图里面,图中标记了三层土的高度,从上到下分别是上粉土层 178mm、粉质黏土层 38mm 和下粉土层 73mm,分别对应在现场工程中的土体厚度,即为 8m、1.7m 和 3.3m。排水板长度为 223mm,对应到实际排水板长度为 10.5m,由模拟图可以看出,左右边界为排水板边界,排水板边界采用点墙来表示,作用是可以阻挡土颗粒穿过,但水可以通过。底边界为不透水边界,模拟的是离心机试验中模型箱的底部,阻止水从下面排出。上边界为开放边界,添加荷载。

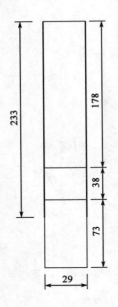

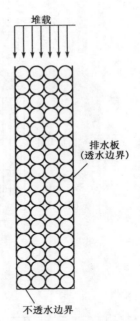

图 10-7　1.3m 间距的尺寸图(尺寸单位:mm)　　　图 10-8　1.3m 间距模拟图

10.3　模型的建立

10.3.1　参数的选取

（1）孔隙率的转换

在实际工程中,研究对象都是立体的,而在 PFC^{2D} 软件中建立的模型是平面的。这就需要将实际状态中三维的孔隙率转换为二维的孔隙率,根据有关文献,由颗粒结构推导出的常用二维与三维孔隙率转换关系:

$$\varepsilon_{3d} = 1 - \xi(1 - \varepsilon_{2d}) \tag{10-3}$$

$$\xi = \frac{\sqrt{2}}{\sqrt{\pi\sqrt{3}}} + D_r\left[\frac{2}{\sqrt{\pi\sqrt{3}}} - \frac{\sqrt{2}}{\sqrt{\pi\sqrt{3}}}\right] \tag{10-4}$$

式中：ε_{2d}——二维孔隙率；

　　ε_{3d}——三维孔隙率；

　　ξ——修正系数；

　　D_r——相对密度。

根据有关邢衡高速孔隙率的资料,统一取 0.43 作为标准孔隙率,即 $\varepsilon_{3d}=0.43$。通过上述公式的计算,约得出 $\varepsilon_{2d}=0.4$。

（2）参数的确定

参数的选择主要以实际的工程勘察为主,例如土体的密度、孔隙率。有些参数没有标准的勘察结果,则以文献当中的值作为参考,例如颗粒刚度。主要参数选择如表 10-1 所示。

土颗粒和墙体的参数指标 表 10-1

材料参数	高度（m）	颗粒半径（mm）	法向刚度（N/m）	切向刚度（N/m）	颗粒干密度（kg/m³）	孔隙率	摩擦系数
上粉土层	0.178	0.5～0.7	1×10^{10}	1×10^{12}	2700	0.4	0.5
粉质黏土层	0.038	0.5～0.6	1×10^{8}	1×10^{12}	2720	0.4	0.5
下粉土层	0.073	0.5～0.7	1×10^{10}	1×10^{12}	2700	0.4	0.5
底墙边界	—	—	1×10^{10}	1×10^{10}	—	—	0.3
点墙边界	—	—	1×10^{10}	1×10^{10}	—	—	0.3

10.3.2 时间的表示方法

PFC²D软件中的时间是一个很难解决的问题。因为按照有关 PFC²D的资料可知，如果要求软件中的时步转化为天然的时间，那么需要现在软件中计算出一个合理的时步，时步的表达式如下：

$$t_{\text{crit}} = \frac{T}{\pi}; T = 2\pi \sqrt{m/k} \tag{10-5}$$

式中：m——颗粒的质量；

k——刚度。

可以估算一下 T 的值。m 的质量远小于 1kg，而 k 的数量级为 10^{10}，T 的数量级远小于 10^{-5}。这就是说，保守估算，需要至少算 10^{5} 步相当于天然的 1s 的变化。所以，想根据这种方式来将步数转化为天然时间是肯定不可取的，因为需要观察太长时间的变化，而且这种思路对于实际工程也未必是对的。所以，要采用其他的标准来计算时间。根据有关文献中 PFC²D模拟实际工程的情况来看，其中也没有将步数转化为天然时间，而是直接用步数表述。所以，本书中也参考上述文献采用步数表示时间，然后重点观察沉降、孔隙率等值随着时步的变化。但是，书中在时间上要遵守一个原则，就是要求离心机模型运行时步和现场工程模型的运行时步要符合实际试验的情况。

10.3.3 添加流体和荷载

在生成了土颗粒之后，需要添加流体，PFC²D中的流体使用 fluid 命令以网格的形式添加。由于模型的宽和高分别为 0.058m(0.029m) 和 0.289m，两者比例大约为 0.2(0.1)，所以分别取网格数为 10×50 和 5×50。根据水的性质，取流体的密度为 1000kg/m³。

荷载包括真空预压的荷载和堆载预压的荷载，真空荷载的大小为 80kPa，堆载方式为一次堆载，大小在第 7 章中算过，大小为 87.7kPa，如图 10-9 所示。

抽真空在实际中是一个真空度不断扩散的过程，但是在试验中抽真空的扩散过程并没有算在实际测量的时间内，而是在真空度大小到了 80kPa 以后才监测数据的，所以在模拟时也可以让真空度在开始时就为 −80kPa。另外，关于时间的问题，由于没有在软件中找到一个比较合适的时步，将软件中的时步和实际的时间一一对应，所以本文直接采用 PFC²D中的时步来进行模拟。模型建立完成后如图 10-10 所示。

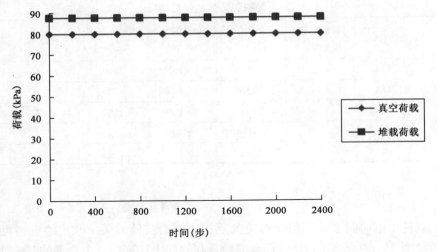

图 10-9　离心机试验荷载图

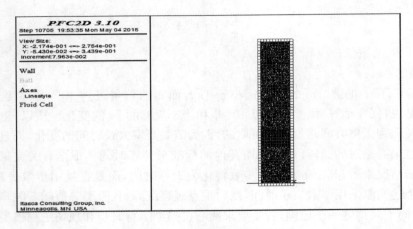

图 10-10　离心机试验模型示意图

10.4　排水板间距为 2.6m 的离心模型流固耦合分析

由第 8 章的内容可知,在真空堆载联合预压法处理软基过程中,发生了孔压消散、路基沉降、有效应力增大等现象,那么这些现象内在的机理及发生这些现象时路基内部的水和土颗粒所发生的变化,是本节所重点讨论的内容。流固耦合问题的核心在于流体和固体的相互作用,在本书中就表现为水和土颗粒之间的相互作用,使水排出,土体得到加固。由于离心机试验的目的是要模拟现场试验的变化情况,所以在叙述结果的过程中都以转化为现场工程之后的单位为标准。现场工程不同土层的尺寸图如图 10-11 所示。

10.4.1　水的渗流场

为了更好地了解渗流的过程,分别列出三个土层的渗流场,如图 10-12～图 10-15 所示。

146

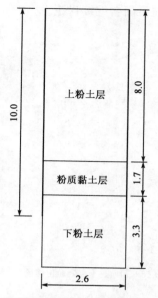

图 10-11　现场工程各土层尺寸图(尺寸单位:m)

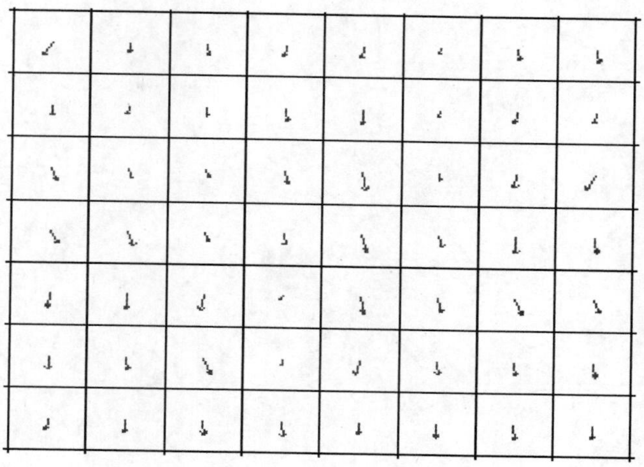

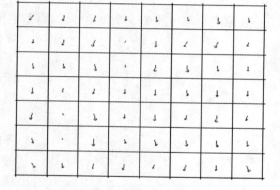

图 10-12　上粉土层渗流场

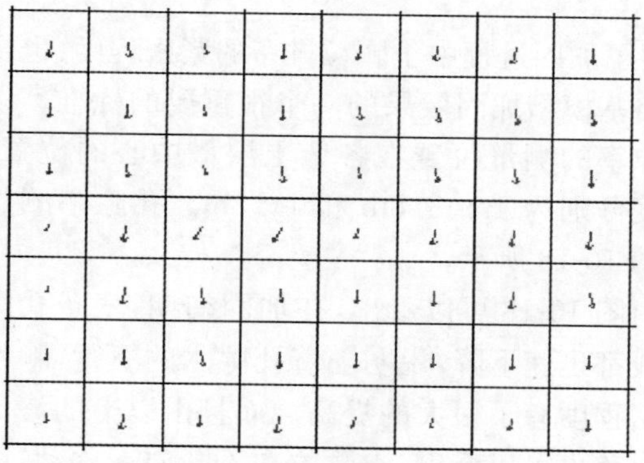

图 10-13　粉质黏土层渗流场

图 10-14　下粉土层渗流场

以上为三个不同土层的渗流场,是流体网格的放大图,网格中的箭头代表流体的运动方向,三个图均是运算过程中流体运动较为明显时刻的渗流场。由图 10-12～图 10-14 可知,三个土层在离心场的作用下,重力加速度迅速增大,都基本保持了向下运动的趋势。

10.4.2　土颗粒的位移场

上面分析了水的渗流场,下面来看土颗粒场位移场的变化,同样选取较为明显时刻的位移场,如图 10-15～图 10-18 所示。

由图 10-15～图 10-17 可以看出,在水流、颗粒间作用力以及自身重力的作用下,土颗粒呈现了非常杂乱的运动趋势,但可以看出主要的运动趋势是向下的。说明在离心机模型中,无论是水还是土颗粒,主要是向下运动的。由于这个原因,离心机试验中水的运动方向与现场工程中有了不同,加固过程中的渗流场也就发生了变化,这个本书在后面会继续讨论。

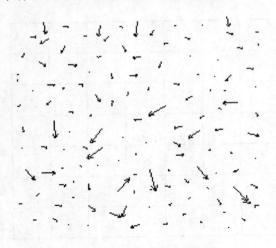

图 10-15　上粉土层颗粒位移场

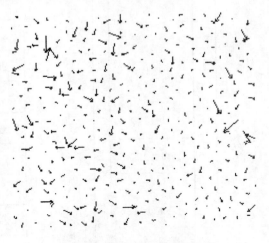

图 10-16　粉质黏土层颗粒位移场

10.4.3　不同土层颗粒孔隙率结果

孔隙率是离散元中一个很重要的指标,它反映了加固过程中土颗粒排布的紧密程度,也是评价路基模型加固效果的一个很重要的标准。以下孔隙率的测量位置在各个土层最中心的位置,即深度分别为 4m、8.8m 和 11.8m。孔隙率测量值如图 10-18 所示。

由图 10-18 可以看出,在加固初期,三条孔隙率曲线都迅速下降,说明随着孔隙水的下行,颗粒的紧密程度有了很大的提高。而且由以上的渗流场和位移也可以看出,土颗粒在不断向下移动,固结效果也越来越好。到中期以后孔隙率的变化逐渐平缓,说明孔隙水的排出已经较小。从土层角度来看,粉质黏土层的固结时间较长,最终孔隙率也较小,为 0.377。

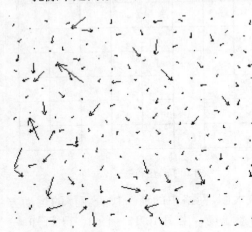

图 10-17　下粉土层颗粒位移场

10.4.4　沉降结果分析

沉降是路基内部流固耦合作用在宏观上的最显著的体现。因为路基中水土作用的最终结果就是孔压的消散,孔隙水被不断排出,土颗粒越来越紧密,土的有效应力越来越大,这些最后表现为路基的总体沉降。为了更加清晰地表示沉降结果,将不同土层的沉降分开表示,如图 10-19～图 10-21 所示。不同位置的最终沉降量和不同土层压缩量如表 10-2 所示。

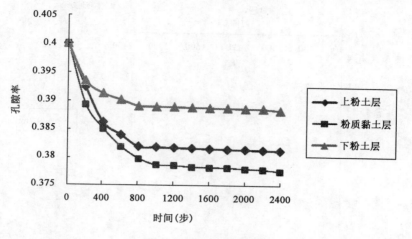

图 10-18 孔隙率模拟值

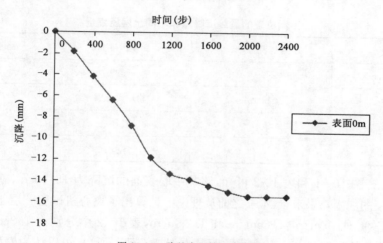

图 10-19 路基表面的沉降曲线

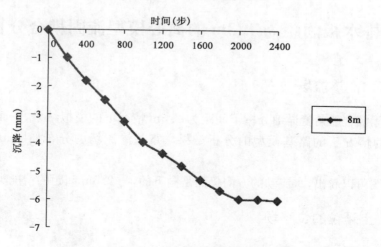

图 10-20 深度 8m 处沉降曲线

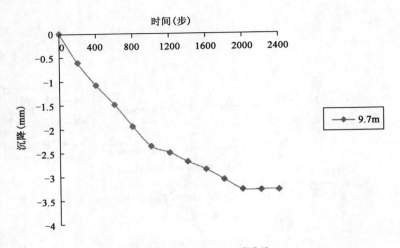

图 10-21 深度 9.7m 沉降曲线

不同位置的最终沉降量和不同土层压缩量　　　　表 10-2

位置	路基表面 0m	路基深度 8m	路基深度 9.7m
最终沉降量(cm)	15.46	5.99	3.29
位置	上粉土层	粉质黏土层	下粉土层
压缩量(cm)	9.47	2.70	3.29
平均压缩量(cm/m)	1.2	1.6	1.0

　　由图 10-19～图 10-21 和表 10-2 可知,路基中心表面的沉降为 15.46cm,就是路基的总沉降。从不同土层的加固效果来看,本书之前从理论上计算出了离心机试验三层土体的平均压缩量,从上到下依次是 1.3cm/m、1.8cm/m 和 1.2cm/m,表 10.2 中分别为 1.2cm/m、1.6cm/m 和 1.0cm/m,两者的压缩量基本和大小差距基本保持一致。所以,可以认为模型是合理的。

10.5　排水板间距为 1.3m 的离心模型流固耦合分析

10.5.1　水的渗流场

　　以上从流固耦合的角度详细分析了间距为 2.6m 情况下的模拟结果,下面来分析在排水体间距 1.3m 的情况下的路基模型的分析结果。路基渗流场的分布如图 10-22～图 10-24 所示。

　　由以上三图可以看出,水流动的方向仍然是向下的,与 2.6m 间距的情况类似。

10.5.2　土颗粒的位移场

　　如图 10-25～图 10-27 所示。

可以看出,位移场的运动同样较为杂乱,但仍保持了向下的运动趋势,而且颗粒的运动趋势更加明显。总的来看,无论是渗流场还是位移场,两种间距下水流动的情况和颗粒的运动方向都类似。

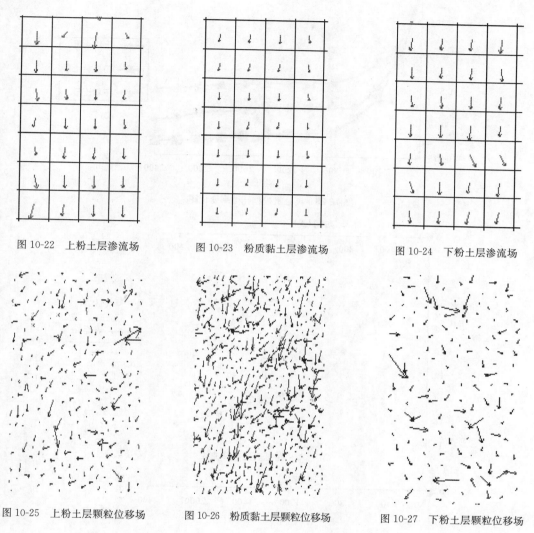

图 10-22 上粉土层渗流场　　　图 10-23 粉质黏土层渗流场　　　图 10-24 下粉土层渗流场

图 10-25 上粉土层颗粒位移场　　　图 10-26 粉质黏土层颗粒位移场　　　图 10-27 下粉土层颗粒位移场

10.5.3 不同土层颗粒孔隙率结果

图 10-28 和图 10-18 有相同的孔隙率变化趋势,也证明了在离心机的状态下,水的排出效果相同,都是向下运动,两种情况的下土体的固结变化过程基本相同。但从数值上讲,第二种情况的最终结果要小于第一种情况,说明固结程度较好。

10.5.4 沉降结果分析

如图 10-29～图 10-31 及表 10-3、表 10-4 所示。

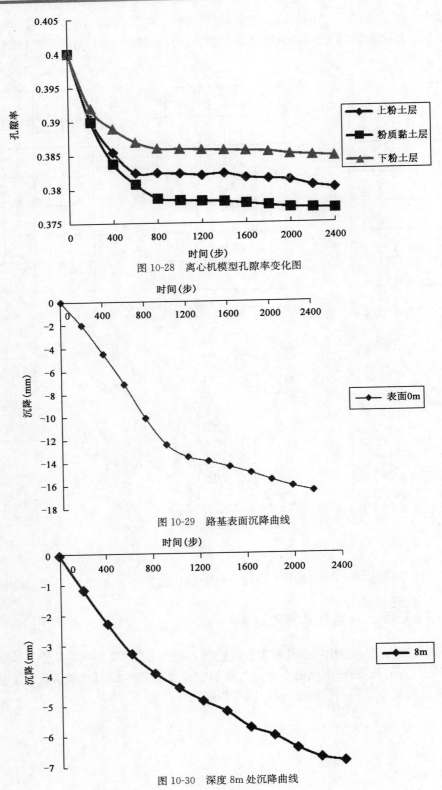

图 10-28 离心机模型孔隙率变化图

图 10-29 路基表面沉降曲线

图 10-30 深度 8m 处沉降曲线

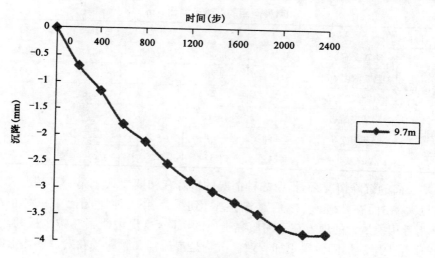

图 10-31 离心机模型沉降量

不同埋深处地基的最终沉降量　表 10-3

土层埋深(m)	路基表面 0	路基深度 8	路基深度 9.7
最终沉降量(cm)	16.53	6.83	3.81

不同土层的压缩量　表 10-4

土层名称	上粉土层	粉质黏土层	下粉土层
土层压缩量(cm)	9.70	3.02	3.81
每延米压缩量(cm)	1.2	1.8	1.1

通过比较可以看出,在间距 1.3m 情况下,三层土体的沉降量都有所增长。而且每延米的压缩量也有了提高。而且结果也与表 10-10 有很大的相似性,可以大体反映出实际的沉降变化规律。

10.6　两种排水板间距模拟结果的对比

10.6.1　渗流场和位移场的对比

由两种情况的渗流场可以看出,土中水的流动方向都是向下的,说明在离心力场的作用下,重力对水的流动起了主要的作用。这就使得真空度的影响相对较弱。但是两种情况的排水板间距毕竟不同,第二种情况间距短,土体含水率较小,所以加固结果要优于第一种情况,这些通过孔隙率和沉降的变化也可以看出。从位移场的角度来看,两种情况的颗粒场虽然都表现为主要趋势是向下运动。但第二种情况的趋势更加明显,这也表明在排水体间距较小的情况下,水土之间的相互作用更强,水土分离的时间也会越短。

10.6.2　沉降量的对比

两种间距的沉降量对比如表 10-5 所示。

两种间距的沉降量对比（cm）　　　　　　　　表 10-5

时间（步）		400	800	1200	1600	2000	2400
第一种情况： 排水板间距2.6m	路基表面 0m	4.20	8.80	13.30	14.40	15.33	15.46
	路基深度 8m	1.79	3.23	4.35	5.27	5.94	5.99
	路基深度 9.7m	1.08	1.94	2.50	2.85	3.28	3.29
第二种情况： 排水板间距1.3m	路基表面 0m	4.47	10.13	13.53	14.42	15.56	16.53
	路基深度 8m	2.26	3.905	4.82	5.70	6.40	6.83
	路基深度 9.7m	1.81	2.13	2.85	3.25	3.72	3.83

从路基表面的沉降情况来看，第二种情况的沉降在初期要大于第一种情况，800 步时沉降差距有所拉大，在而在 1200 步之后逐渐追平，到最后第二种情况比第一种情况的沉降大 1.07cm。两者相差最大的地方在于粉质黏土层的沉降，这也说明了在排水板间距 1.3m 的情况下，对粉质黏土层的加固效果更加有效。沉降是渗流场和颗粒场在宏观变化上的最终结果，有了沉降的对比，就能够了解在微观状态下水和土的变化规律。可以看出，虽然在离心场中真空度的影响相对减弱，但是真空负压仍然起到很大的作用，排水板间距小的情况仍然保持了较快的沉降。

10.7　本章小结

本章运用离散元的方法，对排水板间距为 2.6m 和 1.3m 两种情况的离心机模型进行了流固耦合的模拟分析。结论是：无论是哪种情况下，由于受到离心场的巨大重力作用，在渗流场和位移场中，水和土的运动方向都是向下的。水的移动速度要快于土的移动速度，所以会带动土的下行，向箱底或其他方向扩散，而土颗粒则在流体体积力和重力双重作用下不断向下移动，最终固结。由于软件能力有限，没有能够模拟出水随真空度运动的情况，但有些水通过排水板向上排出的情况肯定是存在的，表现为由于第二种情况排水板间距小，但沉降和孔隙的结果都要优于第一种情况。

第11章　推广应用工程的 ABAQUS 分析

11.1　软土路基排水固结分析的相关理论

11.1.1　有效应力原理

有效应力原理是土力学中非常重要的一套理论,是分析地基土体排水固结问题的基础。为了便于推导,本书全部采用矩阵形式来进行描述,则有效应力原理可以表示为:

$$\{\sigma\} = \{\sigma'\} + \{u\} \tag{11-1}$$

各点的总应力、有效应力和孔隙水压力用矩阵分别表示为:

$$\{\sigma\} = \begin{Bmatrix} \sigma_x \\ \sigma_z \\ \tau_{xz} \end{Bmatrix}, \{\sigma'\} = \begin{Bmatrix} \sigma'_x \\ \sigma'_z \\ \tau'_{xz} \end{Bmatrix}, \{u\} = \begin{Bmatrix} u \\ u \\ 0 \end{Bmatrix} \tag{11-2}$$

弹性力学平面应变问题的胡克定律为:

$$\left. \begin{aligned} \varepsilon_x &= \frac{1-\mu^2}{E}\left(\sigma_x - \frac{\mu}{1-\mu}\sigma_z\right) \\ \varepsilon_z &= \frac{1-\mu^2}{E}\left(\sigma_z - \frac{\mu}{1-\mu}\sigma_x\right) \\ \gamma_{xz} &= \frac{2(1+\mu)}{E}\tau_{xz} \end{aligned} \right\} \tag{11-3}$$

11.1.2　比奥(Biot)平面二维固结理论

(1)基本假设

①土骨架变形是线弹性的。

②变形是微小的。

③孔隙水流动符合达西定律。

④孔隙中的水是不可压缩的,渗流速度很小,不计惯性力。

(2)公式推导

由有效应力原理,平衡微分方程为:

$$\frac{\partial \sigma'_x}{\partial x} + \frac{\partial \tau_{yx}}{\partial y} + \frac{\partial u}{\partial x} = 0, \frac{\partial \tau_{yx}}{\partial x} + \frac{\partial \sigma'_y}{\partial y} + \frac{\partial u}{\partial y} = -\gamma \tag{11-4}$$

式中: $\dfrac{\partial u}{\partial x}, \dfrac{\partial u}{\partial y}$ ——单元的各个方向的渗透力梯度;

u——孔隙水压力。

线弹性条件下,有效应力与土体应变间的关系服从胡克定律。

物理方程:
$$\begin{cases} \sigma_x' = 2G\left(\dfrac{\mu}{1-2\mu}\varepsilon_v + \varepsilon_x\right) \\ \sigma_y' = 2G\left(\dfrac{\mu}{1-2\mu}\varepsilon_v + \varepsilon_y\right) \\ \tau_{yx} = G\gamma_{yx} \end{cases}$$
(11-5)

式中:
G——剪切模量(kPa),$G = \dfrac{E}{1+2\mu}$;

E——土骨架的弹性模量(kPa);

μ——土骨架的泊松比;

$\varepsilon_x, \varepsilon_y$——$x, y$ 向应变分量;

$\varepsilon_v = \varepsilon_x + \varepsilon_y$——体积应变。

在小应变假设下,应变与位移的关系为:

几何方程:
$$\varepsilon_x = \frac{\partial \overline{u}}{\partial x}, \varepsilon_y = \frac{\partial \overline{w}}{\partial y}, \gamma_{yx} = -\left(\frac{\partial \overline{u}}{\partial y} + \frac{\partial \overline{u}}{\partial y}\right)$$
(11-6)

式中:$\overline{u}, \overline{w}$——$x, y$ 向的位移分量。

将式(11-6)代入式(11-5),再代入式(11-4)可得:
$$\begin{cases} -G\,\nabla^2\,\overline{u} + \dfrac{G}{1-2\mu}\dfrac{\partial}{\partial x}\left(\dfrac{\partial \overline{u}}{\partial x} + \dfrac{\partial \overline{w}}{\partial y}\right) + \dfrac{\partial u}{\partial x} = 0 \\ -G\,\nabla^2\,\overline{w} + \dfrac{G}{1-2\mu}\dfrac{\partial}{\partial y}\left(\dfrac{\partial \overline{u}}{\partial x} + \dfrac{\partial \overline{w}}{\partial y}\right) + \dfrac{\partial u}{\partial y} = -\gamma \end{cases}$$
(11-7)

式(11-8)即为以位移和孔隙水应力表示的平衡微分方程,其中,$\nabla^2 = \dfrac{\partial^2}{\partial x^2} + \dfrac{\partial^2}{\partial y^2}$,为拉普拉斯算子。

由达西定律得到通过单元体 x、y 面上的单位流量为:
$$q_x = -\frac{k_x}{\gamma_w}\frac{\partial u}{\partial x}, q_y = -\frac{k_y}{\gamma_w}\frac{\partial u}{\partial y}$$
(11-8)

式中:k_x, k_y——两个方向的渗透系数(m/s);

γ_w——水的重度(kN/m³)。

单位时间内单元土体的压缩量等于流过单元体表面的流量变化之和:
$$\frac{\partial}{\partial t}(\varepsilon_v \mathrm{d}x\mathrm{d}y) = \frac{\partial(q_x \mathrm{d}y)}{\partial x}\mathrm{d}x + \frac{\partial(q_y \mathrm{d}x)}{\partial y}\mathrm{d}y$$
(11-9)

由此可得:
$$\frac{\partial \varepsilon_v}{\partial t} = \frac{\partial q_x}{\partial x} + \frac{\partial q_y}{\partial y}$$
(11-10)

将式(11-8)代入式(11-7),有式(11-11),令 $k_x = k_y$,则有式(11-12):
$$\frac{\partial \varepsilon_v}{\partial t} = -\frac{1}{\gamma_w}\left(k_x \frac{\partial^2 u}{\partial x^2} + k_y \frac{\partial^2 u}{\partial y^2}\right)$$
(11-11)

$$\frac{\partial \varepsilon_v}{\partial t} = -\frac{k}{\gamma_w}\left(\frac{\partial^2 u}{\partial x^2} + \frac{\partial^2 u}{\partial y^2}\right) = -\frac{k}{\gamma_w}\,\nabla^2 u$$
(11-12)

公式(11-12)称为连续方程式。

饱和土体中任一点孔隙水压力的变化必须同时满足平衡方程(11-7)和连续方程(11-12)。两式联立,就是 Biot 平面固结方程。它包含三个偏微分方程和 $\bar{u}$、$\bar{w}$、u 三个未知变量。在一定的初始和边界条件下可解此方程组,从而求出土体中任意时刻任一未知的位移和孔隙水压力分布。

11.1.3 等效砂墙地基的简化换算

等效砂墙的水平向和径向渗透系数分别为:

$$k_{hp} = D_h k_{ha} \tag{11-13}$$
$$k_{zp} = D_z k_{za} \tag{11-14}$$

式中:

$$D_h = \frac{4(n_p - s_p)(1+\upsilon)L^2}{9n_p^2 \mu_a - 12\beta(n_p - s_p)(s_p - 1)(1+\upsilon)L^2} \tag{11-15}$$

$$D_z = \frac{2(1+\upsilon)}{3} \tag{11-16}$$

$$\mu_a = \frac{n^2}{n^2 - s^2} \ln \frac{n}{s} - \frac{3n^2 - s^2}{4n^2} + \frac{k_{xa}(n^2 - s^2)}{k_s n^2} \ln s \tag{11-17}$$

其中:υ——泊松比;

n——砂井井径比,$n = r_e/r_{wa}$;

r_e——单井的有效排水区半径,$r_e = d_e/2$;

d_e——有效排水区直径,砂井按正方形排布 $d_e = 1.13l$,砂井按三角形排布 $d_e = 1.05l$;

l——砂井间距;

r_{wa}——砂井半径,一般为直径 100cm 或 60cm 的袋装砂井;塑料排水板向砂井的等效换算公式为 $d_p = 2(b+\delta)/\pi$,b 为塑料排水板宽度(mm),δ 为塑料排水板厚度(mm);

s——涂抹比,涂抹区半径 r_s 与砂井半径之比,$s = r_s/r_{wa} = d_s/d_w$;

r_s——涂抹区半径,$r_s = d_s/2$,涂抹区直径 d_s 与竖井直径之比 $d_s/d_w = 2 \sim 3$;对中等灵敏黏性土取低值,对高灵敏黏性土取高值,涂抹区为以竖井为中心的圆柱体;

k_{ha}、k_{za}——砂井地基土的水平向和竖向渗透系数;

L——砂井间距放大系数,$L = B/r_e$;

B——等效砂墙间距,可任意确定,只要采用相应的水平向渗透系数 k_{hp} 即可;

β——$\beta = k_{ha}/k_s$,砂井地基水平向渗透系数 k_{ha} 与涂抹区渗透系数 k_s 之比;

k_s——砂井地基涂抹区渗透系数,$k_s = (1/5 \sim 1/3)k_{ha}$;

n_p——$n_p = B/r_{wp}$;

s_p——$s_p = r_{sp}/r_{wp}$,可近似取 $s_p = s$;

r_{wp}——等效砂墙的半径,砂井按正方形排布 $r_{wp} = \pi(r_{wa})^2/4r_e$,按三角形排布 $r_{wp} = 1.143\pi(r_{wa})^2/2r_e$;

r_{sp}——等效砂墙涂抹区的半径,砂井按正方形排布 $r_{sp} = \pi(r_s)^2/4r_e$,按三角形排布 $r_{sp} = 1.143\pi(r_s)^2/2r_e$。

按此种方法进行砂井地基向等效砂墙地基的换算，考虑了涂抹和井阻的影响，且砂墙间距 B 可任意设置，只需要调整相应的水平向渗透系数 k_{hp} 即可，方便进行数值建模。换算之后的砂墙地基其土体的固结度及平均孔压同换算前的砂井地基相同。

将砂井等效为间距 $B=2.4\text{m}$ 的平面等效砂墙，水平向等效系数 $D_h=2.456$，竖向等效系数 $D_z=0.87$。如表 11-1 所示。

表 11-1

调 整 参 数

调 整 参 数	调 整 值	调 整 参 数	调 整 值
砂井间距 l	2.6m	砂井半径 r_{wa}	0.05m
砂井有效排水半径 r_e	2.73m	水平渗透系数调整系数 k_{hp}	2.456
转化砂井使用的间距 $2B$	4.8m	竖直渗透系数调整系数 k_{vp}	0.87

11.1.4 材料模型

(1)线弹性模型

在桩基础的数值模拟中，由于桩、承台和注浆体采用混凝土或水泥砂浆为主要材料，其材料的变形模量要大大超过地基土体的变形模量，在荷载作用时土体的屈服要远远早于结构物的屈服，因此，在桩土分析中可近似考虑桩、承台和注浆体为线弹性材料，以简化问题分析难度，所得到的结果精度满足工程的需要。

线弹性模型的本构关系为：

$$\{\sigma\} = [D]\{\varepsilon\} = [D][B]\{\delta\} \tag{11-18}$$

式中：$\{\sigma\}$——材料的应力矩阵；

$\{\varepsilon\}$——材料的应变矩阵；

$\{\delta\}$——材料的位移矩阵；

$[D]$——材料的弹性矩阵，其具体表达式为：

$$[D] = \frac{E(1-\mu)}{(1+\mu)(1-2\mu)} \begin{bmatrix} 1 & \dfrac{\mu}{1-\mu} & \dfrac{\mu}{1-\mu} & 0 & 0 & 0 \\ & 1 & \dfrac{\mu}{1-\mu} & 0 & 0 & 0 \\ & & 1 & 0 & 0 & 0 \\ & 对 & & \dfrac{1-2\mu}{2(1-\mu)} & 0 & 0 \\ & 称 & & 0 & \dfrac{1-2\mu}{2(1-\mu)} & 0 \\ & & & 0 & 0 & \dfrac{1-2\mu}{2(1-\mu)} \end{bmatrix}$$

$$\tag{11-19}$$

其中：E——桩、承台和注浆体的弹性模量；

μ——泊松比。

（2）Mohr-Colunmb 模型

本书采用 Mohr-Coulomb 模型来表示土体的应力应变关系。Mohr-Coulomb 模型是一种在岩土问题数值分析中经常采用材料模型，其屈服面位移其他类型的屈服面内侧，并且考虑了土体的剪胀性，因而能够比较真实地反映土体材料的应力应变关系，且其计算结果是偏于安全的。Mohr-Coulomb 模型在应力空间和 π 平面中的图形如图 11-1 和图 11-2 所示。

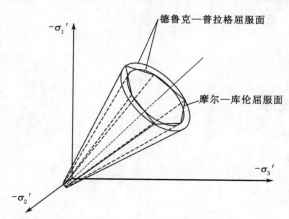

图 11-1　Mohr-Coulomb 模型在应力空间　　　　图 11-2　Mohr-Coulomb 模型在 π 平面

Mohr-Coulomb 屈服条件的一般式为：

$$f = \tau - c - \sigma\tan\varphi \tag{11-20}$$

式中：τ——剪应力；

　　　σ——法向正应力；

　　　c——土体的黏聚力；

　　　φ——土体的内摩擦角。

在三维应力空间，Mohr-Coulomb 屈服条件表达式为：

$$f(I_1, J_2, \theta) = \frac{1}{3}I_1\sin\varphi + \sqrt{J_2}\sin\left(\theta + \frac{\pi}{3}\right) + \frac{\sqrt{J_2}}{\sqrt{3}}\cos\left(\theta + \frac{\pi}{3}\right)\sin\varphi - C\cos\varphi = 0$$

$$\tag{11-21}$$

式中：I_1——应力张量第一不变量；

　　　J_2——应力偏量第二不变量。

（3）修正剑桥模型

在 p-q 平面上，修正剑桥模型的屈服面为椭圆，屈服面函数由式（11-22）表示：

$$\frac{q^2}{p^2} + M^2\left(1 - \frac{p_c}{p}\right) = 0 \tag{11-22}$$

其中：

$$p = \frac{1}{3}(\sigma'_1 + \sigma'_2 + \sigma'_3), q = \frac{1}{\sqrt{2}}\sqrt{(\sigma'_1 - \sigma'_2)^2 + (\sigma'_2 - \sigma'_3)^2 + (\sigma'_3 - \sigma'_1)^2}$$

式中：σ'_1、σ'_2、σ'_3——有效主应力；

　　　p——有效平均应力；

  q——广义剪应力；

  p_c——先期固结压力，它控制了屈服面的大小；

  M——所有排水和不排水剪切试验时破坏点在 p-q 平面上投影形成的临界状态线（CSL 线）的斜率，简称应力比，CSL 线的一个重要特征是它与屈服面的交点是剪应力达到最大值的点。

  试验表明 v、p 和 q 三个变量存在着唯一性关系（v 为比容，$v=1+e$；e 为孔隙比），因而在 v-p-q 三维空间中形成一个曲面，该曲面称为状态边界面。式（11-22）中 p_c 是变量，隐含了硬化的含义，可取塑性体积应变为硬化参数，将 p_c 表示成 ε_v^p 的函数，最后得屈服方程：

$$p + \frac{q^2}{M^2(p+p_r)} = p_a \exp\left(\frac{1+e_a}{\lambda-\kappa}\varepsilon_v^p\right) \tag{11-23}$$

其中：

$$p_r = c\cot\varphi$$

式中：λ——v-$\ln p$ 平面中正常固结线的斜率，简称为压缩指数；

  κ——v-$\ln p$ 平面中回弹取线的斜率，简称回弹指数；

  p_a、e_a——初始应力（可取做大气压力）及其孔隙比；

  c、φ——土的黏聚力、内摩擦角。

11.2 建立工程模型

11.2.1 分析断面的确定

  若全部路线中 2/3 为软土路段，则需进行软基处理。其中采用排水固结方法处理的路段共 168 段，无砂井堆载预压处理 117 段，袋装砂井堆载预压处理 44 段，超载预压处理 7 段。工程中对其中无砂井堆载预压处理的 47 段、砂井堆载预压处理的 26 段进行了沉降和水平位移监测，监测项目包括路基中心的地表沉降、路基坡脚地表的水平位移。

  选取具有代表性的软基处理段进行分析研究，采用统计学和数值模拟的方法，分析各路段的软基处理效果，并结合相应路段的地质结构类型，说明各软基处理方法的处理效果及适用情况。

  通过 ABAQUS 有限元软件对线性回归分析中偏离较大的几个断面进行数值模拟分析，分析路基在预压过程中的沉降、水平位移、地下水渗流、有效应力等指标的变化规律，并结合各路段地层结构的类型，分析软基处理效果产生差异的原因，进而说明该方法处理湖泊相软土路基的适用性。如图 11-3、图 11-4 和表 11-2 所示。

二期排水固结法推广应用分析断面   表 11-2

序号	起 讫 桩 号	平均填高（m）	处理方法	处理深度（m）	处理长度（m）	处理宽度（m）	排水板间距（m）	沉降补差土方（m³）	观测断面	沉降量设计值（cm）
1	K18+570～K18+600	9	堆载预压	—	30	57.5	—	776	K18+590	44.99
2	K35+085～K35+216	8.2	排水预压	7	131	55.1	1.8	5774	K35+150	79.99

续上表

序号	起 讫 桩 号	平均填高(m)	处理方法	处理深度(m)	处理长度(m)	处理宽度(m)	排水板间距(m)	沉降补差土方(m³)	观测断面	沉降量设计值(cm)
3	K31+977.5～K32+111.3	6.7	堆载预压	—	134	50.6	—	4062	K32+050	59.91
4	K39+709～K39+800	6.5	堆载预压	—	91	50	—	2275	K39+750	50.00
5	K6+674～K6+845	6	堆载预压	—	171	48.5	—	3732	K6+700	45.00
6	K4+355～K4+530.5	5.2	堆载预压	—	175	46.1	—	3227	K4+450	40.00
7	K22+989～K23+144	5	堆载预压	—	155	45.5	—	3526	K23+100	50.00
8	K41+280～K41+530	6.1	排水预压	10.5	250	48.8	1.8	6100	K41+400	50.00
9	K41+596～K41+767	5.1	排水预压	11	171	45.8	1.8	3916	K41+650	50.00

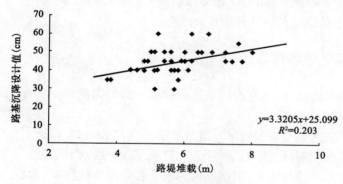

图 11-3 堆载预压处理段回归分析

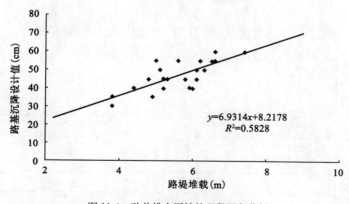

图 11-4 砂井排水固结处理段回归分析

　　根据软基处理的类型、路堤填土的高度和填土期间路基的沉降设计值,对软基处理断面进行回归分析。剔除堆载特别高、沉降特别大的奇异值,建立回归方程。最后选取具有代表性的路基断面(回归曲线上的断面、偏离回归曲线的断面以及堆载特别高或沉降特别小的奇异断

161

面)进行数值模拟,结合路段的地质结构类型,对比分析路基产生偏离的原因,进而说明该处理方法的适用性。

11.2.2　土体的基本假定

(1)实际路基和路堤足够长,按平面应变问题考虑。

(2)土体为均质土,同层土体各向同性,且均匀分布。

(3)水位线以上土体假设为干土,水位线以下土体假设为饱和土。

(4)土的整体受力平衡。

(5)土体的固结符合太沙基有效应力原理。

(6)土体的固结采用 biot 固结理论。

(7)土骨架变形是线弹性的。

(8)土体变形是微小的。

(9)土体孔隙中的水是不可压缩的。

(10)土中孔隙水的渗流连续,渗流速度很小,不计惯性力。

(11)土中孔隙水的流动符合达西定律。

11.2.3　计算区域的确定

(1)根据路基的对称性,取路基的一半进行建模。路堤高度根据实际路堤高度确定,路堤宽度为实际路堤宽度的一半。

(2)路基计算域宽度近似取加固区宽度的 3 倍,一般取 80m。

(3)路基计算域深度根据实际地层情况,一般取至软土层以下土层。

(4)模型两侧为水平位移约束,模型底部为水平和竖向位移约束。

(5)地基中孔隙水的渗流边界与地下水位线相同,渗流边界的孔压为 0,位移根据实际地下水位埋深确定。

各计算断面的模型尺寸及地层情况,在图 11-5～图 11-13 中都有表示。

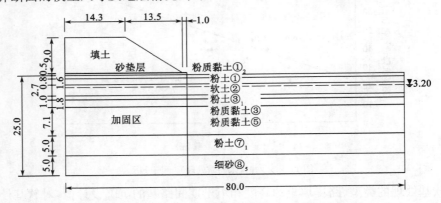

图 11-5　K18+585 堆载预压断面(尺寸单位:m)

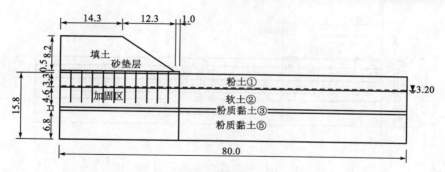

图 11-6　K35＋150 排水预压断面(尺寸单位:m)

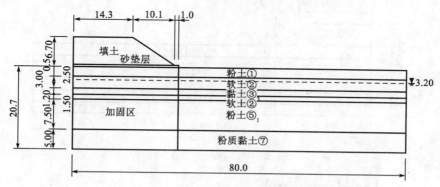

图 11-7　K32＋044 堆载预压断面(尺寸单位:m)

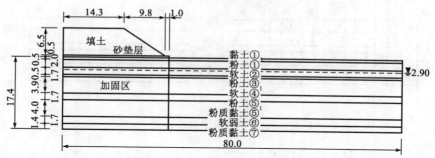

图 11-8　K39＋754 堆载预压断面(尺寸单位:m)

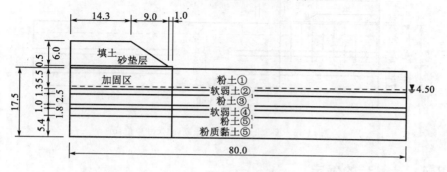

图 11-9　K6＋759 堆载预压断面(尺寸单位:m)

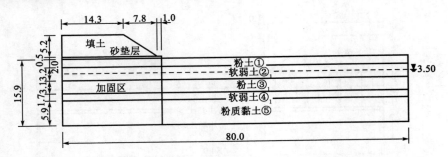

图 11-10　K4+44 堆载预压断面(尺寸单位:m)

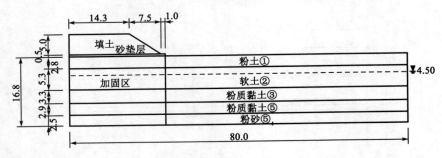

图 11-11　K23+066 堆载预压断面(尺寸单位:m)

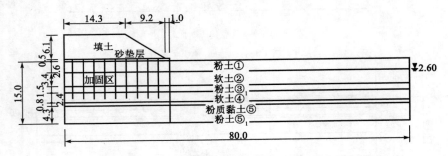

图 11-12　K41+405 排水预压断面(尺寸单位:m)

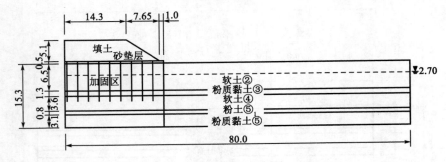

图 11-13　K41+681 排水预压断面(尺寸单位:m)

11.2.4　计算步的确定

(1)在模拟的开始设置初始步,在该步施加初始应力场,以模拟地基的原有应力状态。同时在该步施加全部边界条件,包括位移边界条件和渗流边界条件。

(2)初始步之后为砂垫层的施加步,步长为1d,以模拟砂垫层的填筑过程。

(3)计算步的划分根据路堤堆载高度确定。每填筑1m作为划分为一个加载步,加载步长为10d;相邻两个加载步间设置一个间歇步,步长根据实际施工速度取均值确定。

(4)最后一个加载步完成后进入预压阶段,设置一个排水固结步,步长为360d。

(5)数值模拟从堆载开始计算,至堆载完成路基预压一年后结束。

各计算断面的加载过程曲线,如图11-14所示。

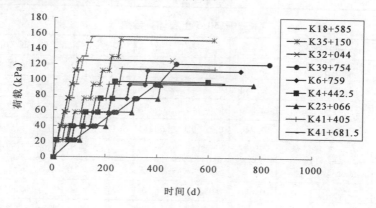

图11-14 各断面的加载过程

11.2.5 材料参数和本构模型的确定

(1)砂土和路堤填土采用基于Mohr-Columb屈服准则的理想弹塑性模型,粉土、粉质黏土和黏土采用ABAQUS提供的修正剑桥模型进行模拟。

(2)砂井材料参数同所在土层,只有渗透系数变化。砂井地基向等效砂墙地基的换算根据赵维炳的方法,考虑土体涂抹影响。

(3)数值模型的材料参数绝大部分根据工程地质详勘报告确定,详勘报告未给出的少部分参数,参考相关文献采用常用的工程经验值。

将各路基断面的材料参数具体列出,如表11-3~表11-11所示。

K18+585 土层计算参数 表11-3

土 层 名 称	$\rho(g/cm^3)$	υ	e	λ	κ	e_1	M	$K_h(m/s)$	$K_v(m/s)$
粉质黏土	1.90	0.25	0.674	0.0390	0.0058	0.672	1.527	0.00363	0.00363
粉土	1.99	0.3	0.673	0.0469	0.0070	0.642	1.515	0.00881	0.00881
软土	1.79	0.35	1.168	0.0793	0.0119	1.156	1.154	0.00021	0.00021
粉土	1.93	0.3	0.835	0.0505	0.0076	0.827	1.637	0.00615	0.00615
粉质黏土	2.01	0.3	0.661	0.0491	0.0074	0.637	1.537	0.00268	0.00268
粉质黏土	2.00	0.29	0.674	0.0480	0.0072	0.651	1.506	0.00180	0.00180

土 层 名 称	$\rho(\mathrm{g/cm^3})$	υ	e	λ	κ	e_1	M	$K_h(\mathrm{m/s})$	$K_v(\mathrm{m/s})$
粉土	1.95	0.3	0.79	0.0606	0.0091	0.761	1.338	0.00430	0.00430

土 层 名 称	$\rho(\mathrm{g/cm^3})$	υ	e	$\Phi(°)$	$C(\mathrm{kPa})$	$E(\mathrm{MPa})$	$K_h(\mathrm{m/s})$	$K_v(\mathrm{m/s})$
细砂	2.04	0.3	0.42	37.43	0	18.94	32.976	32.976
砂垫层	2.04	0.3	0.650	35	0	10	5.0×10^{-5}	5.0×10^{-5}
袋装砂井	—	—	—	—	—	—	5.0×10^{-6}	5.0×10^{-6}

K35+150.5 土层计算参数 表 11-4

土 层 名 称	$\rho(\mathrm{g/cm^3})$	υ	e	λ	κ	e_1	M	$K_h(\mathrm{m/s})$	$K_v(\mathrm{m/s})$
粉土	1.92	0.30	0.720	0.03967	0.00595	0.712	1.707	0.00881	0.00881
软土	1.83	0.36	1.080	0.10748	0.01612	1.060	1.121	0.00021	0.00021
粉质黏土	1.90	0.35	0.830	0.06348	0.00952	0.792	1.417	0.00268	0.00268
粉质黏土	1.97	0.31	0.740	0.06095	0.00914	0.727	1.470	0.00180	0.00180
粉质黏土	2.06	0.28	0.604	0.06131	0.00920	0.709	1.428	0.00167	0.00167

土 层 名 称	$\rho(\mathrm{g/cm^3})$	υ	e	$\Phi(°)$	$C(\mathrm{kPa})$	$E(\mathrm{MPa})$	$K_h(\mathrm{m/s})$	$K_v(\mathrm{m/s})$
砂垫层	2.04	0.3	0.650	35	0	10	5.0×10^{-5}	5.0×10^{-5}
袋装砂井	—	—	—	—	—	—	5.0×10^{-6}	5.0×10^{-6}

K32+044 土层计算参数 表 11-5

土 层 名 称	$\rho(\mathrm{g/cm^3})$	υ	e	λ	κ	e_1	M	$K_h(\mathrm{m/s})$	$K_v(\mathrm{m/s})$
粉土	1.99	0.30	0.682	0.09378	0.01407	0.639	1.637	0.00881	0.00881
软土	1.84	0.35	1.079	0.11758	0.01764	1.039	0.789	0.00021	0.00021
黏土	1.94	0.35	0.858	0.06636	0.00995	0.845	0.961	0.00032	0.00032
软土	1.84	0.35	1.079	0.11758	0.01764	1.039	0.789	0.00021	0.00021
粉土	1.99	0.31	0.693	0.05723	0.00858	0.651	1.529	0.00532	0.00532
粉质黏土	2.03	0.31	0.670	0.06961	0.01044	0.617	1.451	0.00167	0.00167

土 层 名 称	$\rho(\mathrm{g/cm^3})$	υ	e	$\Phi(°)$	$C(\mathrm{kPa})$	$E(\mathrm{MPa})$	$K_h(\mathrm{m/s})$	$K_v(\mathrm{m/s})$
砂垫层	2.04	0.3	0.650	35	0	10	5.0×10^{-5}	5.0×10^{-5}
袋装砂井	—	—	—	—	—	—	5.0×10^{-6}	5.0×10^{-6}

K39+754.5 土层计算参数 表 11-6

土 层 名 称	$\rho(\mathrm{g/cm^3})$	υ	e	λ	κ	e_1	M	$K_h(\mathrm{m/s})$	$K_v(\mathrm{m/s})$
黏土	1.91	0.25	0.879	0.08656	0.01298	0.848	0.765	0.00065	0.00065
粉土	1.89	0.30	0.831	0.07069	0.01060	0.775	1.289	0.00881	0.00881
软土	1.81	0.35	1.147	0.11758	0.01764	1.089	0.673	0.00021	0.00021
粉土	1.97	0.30	0.753	0.04040	0.00606	0.723	1.576	0.00615	0.00615
软土	1.83	0.35	1.118	0.10315	0.01547	1.082	0.665	0.00020	0.00020
粉土	2.05	0.30	0.601	0.03390	0.00509	0.576	1.616	0.00532	0.00532

土 层 名 称	$\rho(g/cm^3)$	υ	e	λ	κ	e_1	M	$K_h(m/s)$	$K_v(m/s)$
粉质黏土	2.02	0.30	0.664	0.05386	0.00808	0.642	1.362	0.00180	0.00180
软弱土	1.85	0.37	1.045	0.12840	0.01926	0.990	1.041	0.00025	0.00025
粉质黏土	1.99	0.33	0.717	0.07358	0.01104	0.680	1.399	0.00167	0.00167
土 层 名 称	$\rho(g/cm^3)$	υ	e	$\Phi(°)$	$C(kPa)$	$E(MPa)$		$K_h(m/s)$	$K_v(m/s)$
砂垫层	2.04	0.3	0.650	35	0	10		$5.0×10^{-5}$	$5.0×10^{-5}$
袋装砂井	—	—	—	—	—	—		$5.0×10^{-6}$	$5.0×10^{-6}$

K6+759.5 土层计算参数   表 11-7

土 层 名 称	$\rho(g/cm^3)$	υ	e	λ	κ	e_1	M	$K_h(m/s)$	$K_v(m/s)$
粉土	1.610	0.30	0.813	0.03462	0.00519	0.741	1.652	0.00881	0.00881
软弱土	1.835	0.35	1.042	0.07791	0.01169	0.929	0.877	0.00079	0.00079
粉土	1.910	0.30	0.761	0.03318	0.00498	0.752	1.613	0.00615	0.00615
软弱土	1.880	0.35	0.925	0.08079	0.01212	1.008	0.848	0.00034	0.00034
粉土	2.000	0.30	0.692	0.05771	0.00577	0.665	1.655	0.00532	0.00532
粉质黏土	1.998	0.29	0.704	0.06636	0.00995	0.696	1.338	0.00180	0.00180
土 层 名 称	$\rho(g/cm^3)$	υ	e	$\Phi(°)$	$C(kPa)$	$E(MPa)$		$K_h(m/s)$	$K_v(m/s)$
砂垫层	2.04	0.3	0.650	35	0	10		$5.0×10^{-5}$	$5.0×10^{-5}$
袋装砂井	—	—	—	—	—	—		$5.0×10^{-6}$	$5.0×10^{-6}$

K4+442.5 土层计算参数   表 11-8

土 层 名 称	$\rho(g/cm^3)$	υ	e	λ	κ	e_1	M	$K_h(m/s)$	$K_v(m/s)$
粉土	1.31	0.30	1.232	0.05049	0.00757	0.729	1.655	0.00881	0.00881
软弱土	1.84	0.35	1.056	0.07694	0.01154	1.297	0.850	0.00079	0.00079
粉土	1.97	0.30	0.700	0.05146	0.00772	0.743	1.590	0.00615	0.00615
软弱土	1.85	0.37	1.047	0.06781	0.01017	0.807	0.979	0.00034	0.00034
粉质黏土	2.05	0.30	0.649	0.05280	0.00792	0.747	1.373	0.00180	0.00180
土 层 名 称	$\rho(g/cm^3)$	υ	e	$\Phi(°)$	$C(kPa)$	$E(MPa)$		$K_h(m/s)$	$K_v(m/s)$
砂垫层	2.04	0.3	0.650	35	0	10		$5.0×10^{-5}$	$5.0×10^{-5}$
袋装砂井	—	—	—	—	—	—		$5.0×10^{-6}$	$5.0×10^{-6}$

K23+066.5 土层计算参数   表 11-9

土 层 名 称	$\rho(g/cm^3)$	υ	e	λ	κ	e_1	M	$K_h(m/s)$	$K_v(m/s)$
粉土	1.93	0.30	0.781	0.06684	0.01003	0.757	1.603	0.00881	0.00881
软土	1.83	0.36	1.105	0.12366	0.01855	1.078	0.856	0.00021	0.00021
粉质黏土	1.93	0.30	0.853	0.10820	0.01623	0.840	1.130	0.00268	0.00268

土层名称	$\rho(\text{g/cm}^3)$	υ	e	λ	κ	e_1	M	$K_h(\text{m/s})$	$K_v(\text{m/s})$
粉质黏土	2.00	0.32	0.729	0.07791	0.01169	0.713	1.346	0.00180	0.00180

土层名称	$\rho(\text{g/cm}^3)$	υ	e	$\Phi(°)$	$C(\text{kPa})$	$E(\text{MPa})$	$K_h(\text{m/s})$	$K_v(\text{m/s})$
粉砂	1.89	0.30	0.800	39.07	2.00	14.11	1.83333	1.83333
砂垫层	2.04	0.3	0.650	35	0	10	5.0×10^{-5}	5.0×10^{-5}
袋装砂井	—	—	—	—	—	—	5.0×10^{-6}	5.0×10^{-6}

K41+405 土层计算参数　　　　　　　　　　表 11-10

土层名称	$\rho(\text{g/cm}^3)$	υ	e	λ	κ	e_1	M	$K_h(\text{m/s})$	$K_v(\text{m/s})$
粉土	2.02	0.30	0.616	0.03943	0.00592	0.601	1.633	0.00881	0.00881
软土	1.81	0.37	1.100	0.11109	0.01666	1.076	0.897	0.00021	0.00021
粉土	1.97	0.30	0.686	0.02813	0.00422	0.682	1.622	0.00615	0.00615
软土	1.82	0.35	1.144	0.11037	0.01655	1.136	0.627	0.00020	0.00020
粉质黏土	2.03	0.30	0.661	0.04905	0.00736	0.642	1.356	0.00180	0.00180
粉土	1.97	0.30	0.655	0.03751	0.00563	0.650	1.616	0.00532	0.00532

土层名称	$\rho(\text{g/cm}^3)$	υ	e	$\Phi(°)$	$C(\text{kPa})$	$E(\text{MPa})$	$K_h(\text{m/s})$	$K_v(\text{m/s})$
砂垫层	2.04	0.3	0.650	35	0	10	5.0×10^{-5}	5.0×10^{-5}
袋装砂井	—	—	—	—	—	—	5.0×10^{-6}	5.0×10^{-6}

K41+681.5 土层计算参数　　　　　　　　　表 11-11

土层名称	$\rho(\text{g/cm}^3)$	υ	e	λ	κ	e_1	M	$K_h(\text{m/s})$	$K_v(\text{m/s})$
软土	1.83	0.37	1.089	0.11349	0.01702	1.063	0.868	0.00021	0.00021
粉质黏土	1.94	0.30	0.808	0.11349	0.01702	1.063	0.868	0.00268	0.00268
软土	1.79	0.37	1.214	0.06636	0.00995	0.772	1.191	0.00020	0.00020
粉土	1.97	0.30	0.655	0.12215	0.01832	1.185	0.849	0.00532	0.00532
粉质黏土	2.05	0.30	0.619	0.03751	0.00563	0.650	1.616	0.00180	0.00180

土层名称	$\rho(\text{g/cm}^3)$	υ	e	$\Phi(°)$	$C(\text{kPa})$	$E(\text{MPa})$	$K_h(\text{m/s})$	$K_v(\text{m/s})$
砂垫层	2.04	0.3	0.650	35	0	10	5.0×10^{-5}	5.0×10^{-5}
袋装砂井	—	—	—	—	—	—	5.0×10^{-6}	5.0×10^{-6}

11.3　计算结果的分析

11.3.1　K18+585 堆载预压断面

（1）分层沉降分析

由图 11-15 可知，土体的沉降主要发生在堆载阶段。随着堆载荷载的增加，路基沉降迅速增加。当堆载完成后，路基进入预压阶段，此时堆载稳定不变，土体的压缩量主要与土中孔隙水的进一步排出、土体固结有关，工后沉降速率的快慢取决于土体渗透性的大小。由工后一年内的沉降结果可知,该断面的工后沉降较小,工后沉降速率缓慢,绝大部分沉降在堆载施工阶段已经完成,一年内工后沉降仅为 4.1cm,占总沉降的 10％左右,工后沉降能够满足《公路路基设计规范》(JTG D30—2004)的相关要求,保证公路的正常运营要求。

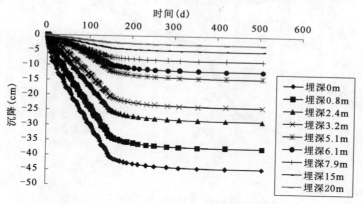

图 11-15　路基中心分层沉降

水位线以上土体压缩量相对较大,主要为弹性沉降;水位线以下土体压缩量相对较小,其中土层的主要压缩层为软土层,其沉降量较大,并且其工后沉降量也最大。

(2)剖面沉降分析

由路基的横断面沉降分布可知,沉降主要在加固区范围发生。沉降量在路基中心处最大,自路基中心向外逐渐减小。在加固区外 10m 处开始,路基土体出现由于堆载而产生的隆起变形,从加固区外 10～40m 范围内隆起都有分布。如图 11-16 所示。

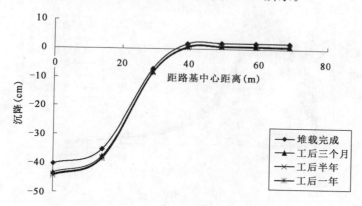

图 11-16　路基横断面沉降

当堆载完成进入预压阶段后,路基土体整体随时间增长而逐渐发生固结沉降,路基加固区外土体的隆起趋势减小。工后沉降从堆载完成至工后三个月发展较快,从工后三个月至工后一年,沉降发展趋于缓慢。

(3)水平位移分析

水平位移分布自路基表面向下逐渐减小。在路基进入预压期后,随着土体的固结沉降,土体的水平向位移有一定的增长,但主要发生在路基土体的上部一定深度范围内。在 K18＋585 断面,水平位移的增长主要出现在埋深 7.9m 以上的土体。预压期的最初三个月水平位移增长较快,大约增加 10mm;在工后三个月到工后一年期间发展较慢,增长约 1.3mm。如图 11-17 所示。

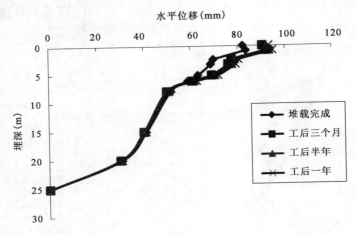

图 11-17　加固区边缘深层水平位移

(4)孔隙水压力分析

土体的超孔隙水压力随着堆载的增加而增长,在一级荷载施加完毕进入间歇期后,超孔压即开始消散。但在下级堆载施加时仍会继续增加。K18+585 断面在堆载全部完成后,超孔压最大值约达到 40kPa。在进入预压期后,土体的超孔压开始迅速消散,直至为 0,此时土体有效应力随之增加,土体产生固结沉降。如图 11-18 所示。

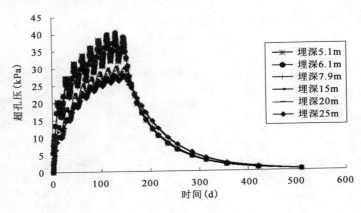

图 11-18　路基中心剖面孔压

(5)与实测结果对比分析

实际工程中,对路基中心的地表沉降和路堤坡脚的水平位移进行了监测,将监测的结果同数值模拟的结果进行对比,分析数值模拟的准确性。

K18+585 断面的路段目前仍处于施工阶段,其实际加载过程与数值模拟的简化过程有较大不同,一定程度上影响最终结果。

由图 11-19 可知,实测沉降与模拟沉降两者发展趋势相近,但模拟沉降量与实测值相比偏大;由图 11-20 水平位移对比可知,模拟值再加载初期与实测值接近,两条曲线规律性较好,在堆载填高到 3m 之后,模拟的水平位移仍保持增长,而实测水平位移的增长减缓。

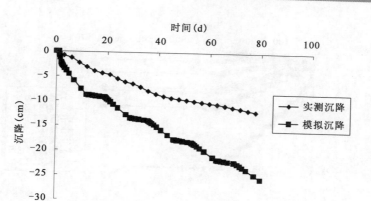

图 11-19 路基中心地表沉降实测值与模拟值对比

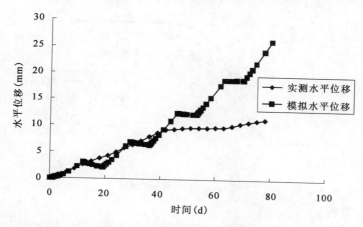

图 11-20 路堤坡脚水平位移实测值与模拟值对比

11.3.2 K35＋150 排水预压断面

（1）分层沉降分析

如图 11-21 所示，路基土体的沉降在堆载阶段绝大部分已经完成。K35＋150 断面的软土层较厚且埋深较浅。在软土范围内布置有竖向排水板，因此软土层的排水能力较好。路基的沉降主要在施工阶段发生。由于路堤堆载的施工时间较长且路基土体的排水能力较好，水位线以上粉土层的弹性沉降和软土层的固结沉降都在施工阶段基本完成，路基的工后沉降很小。路基的沉降量主要由水位线以上粉土的弹性压缩以及水位线下软土层和各黏性土层的固结沉降共同构成。堆载完成时的路基沉降量为 29.68cm，在工后一年内工后沉降几乎不再发展。

（2）剖面沉降分析

如图 11-22 所示，由路基横断面的沉降分布可知，沉降主要在堆载作用范围的加固区内产生。路基沉降从加固区中心向外逐渐减小，在路基中心至坡脚范围沉降较大，从坡脚至加固区外 10m 范围沉降逐渐减小，至加固区外 10m 处几乎没有沉降。由横断面可知，进入预压阶段后，路基在预压期的工后一年内沉降几乎没有增长，工后一年的沉降分布同堆载完成时基本相同。

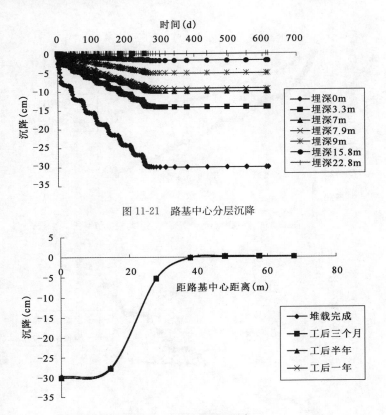

图 11-21　路基中心分层沉降

图 11-22　路基横断面沉降

（3）水平位移分析

如图 11-23 所示，路基土体的侧向位移从地表向下逐渐增大，在软土层达到最大值，约为 83.41mm。从最大水平位移点向下，土体的侧向位移开始逐渐减小。进入预压阶段后，随着土体的排水固结，工后一年内地基土上部埋深 7m 范围内的土体有侧向位移增长，增加量约为 3.6mm，且侧移在堆载完成时增长较快，在工后三个月后增长速度逐渐减缓。

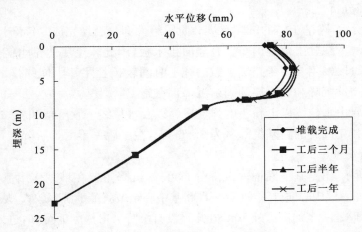

图 11-23　加固区边缘深层水平位移

（4）孔隙水压力分析

如图 11-24 所示,由于土体中存在竖向排水体,因而路基土体整体排水性能较好,孔压值整体较低。在每级路堤填土施加时,土中超孔隙水压力迅速上升;当该级堆载完成后,孔压在间歇期开始消散,在下一级堆载时又再次增加,直至最终堆载完成,则孔压开始最后的消散直至彻底消失。孔压的最大值出现在施加第一级堆载时,最大值约为 25kPa,之后各级堆载孔压逐渐减小。在进入预压期后,孔压考试最终消散为 0,土体固结产生工后沉降。

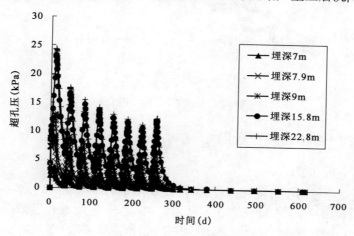

图 11-24　路基中心剖面孔压

（5）与实测结果对比分析

实际工程中,对路基中心的地表沉降和路堤坡脚的水平位移进行了监测,将监测的结果同数值模拟的结果进行对比,分析数值模拟的准确性。如图 11-25、图 11-26 所示。

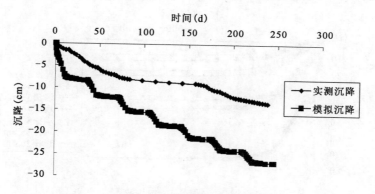

图 11-25　路基中心地表沉降实测值与模拟值对比

K35+150 断面的路段目前仍处于施工阶段,其实际加载过程与数值模拟的简化过程有较大不同,一定程度上影响最终结果。

由图 11-26 的沉降分布可知,实测沉降与模拟沉降两者的发展趋势相同,由于材料参数等原因,二者沉降量存在一定差异;对比水平位移可知,在堆载初期,模拟值与实测值趋势接近且沉降量相差较小,结果拟合较好。当堆载逐渐增加后,二者水平位移值开始偏离,模拟水平位移增加量超过实测水平位移。

湿地湖泊相软土固结法处理技术与应用

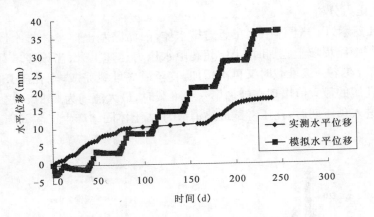

图 11-26　路堤坡脚水平位移实测值与模拟值对比

11.3.3　K32+044 堆载预压断面

（1）分层沉降分析

K32+044 断面整体力学性能相对较差，在荷载作用下沉降较大。路堤堆载的速度快，间隔时间短。路基土体的沉降主要发生在堆载阶段，路基中心地表在堆载期间的沉降量达到 68.2cm。工后沉降也比较明显，从堆载完成到进入预压期一年后，路基的工后沉降为 6.3cm。工后沉降量较小，能够满足《公路路基设计规范》（JTG D30—2004）对沉降的相关要求。由相邻土层间的沉降差可知上一层土体的压缩量，由图 11-27 可知，压缩量主要由水位线以上的粉土层和水位线以下软土层的压缩变形产生。在进入预压期后，软土层仍会产生一定量的工后沉降。

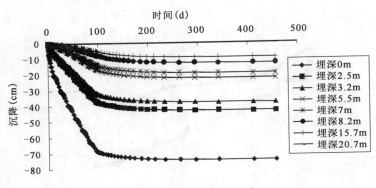

图 11-27　路基中心分层沉降

（2）剖面沉降分析

路基横断面的沉降分布如图 11-28 所示，沉降主要发生在路基的加固区范围内。从加固区中心至加固区外约 15m 范围，路基沉降逐渐减小，在加固区外 10～20m 范围，土体出现隆起。进入预压期后，由于排水固结的作用，土体沉降进一步增加，从堆载完成至工后一年内沉降增加量约为 6.4cm，加固区外土体隆起的趋势减弱。在堆载完成至工后三个月内，土体的沉降发展较快，沉降增加约为 5cm。

174

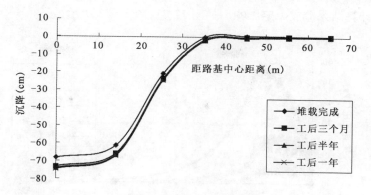

图 11-28　路基横断面沉降

（3）水平位移分析

如图 11-29 所示，断面 K32＋044 的地基土体变形较大。沉降量自地基表面向下逐渐减小，地表最大水平位移达到 114mm。水平位移主要由埋深 8m 以上的粉土层和软土层产生，该范围土层力学性质较差，沉降和侧移较大。在埋深 8～16m 范围内为粉土层，该层水平位移基本没有增加。进入预压期后土体侧移增加量很小，地基土上部土体在施工阶段充分变形，在预压期水平位移几乎没有增长。增长最大值点在埋深 15m 处的粉土层，水平位移增加约 9mm。

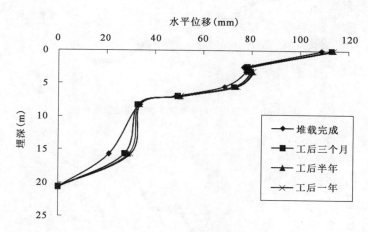

图 11-29　加固区边缘深层水平位移

（4）孔隙水压力分析

如图 11-30 所示，路基各土层的超孔隙水压里从地表向下逐渐增大。且超孔压随着路堤堆载的添加而增长，在相邻两级荷载的间隙则逐渐消散，在下一级荷载继续增加，如此反复直到堆载完成。此时超孔隙水压力随时间的增长逐渐消散直到孔压为 0。在堆载阶段，路基土体超孔压不断增加，最大值达到 57.8kPa；在进入预压期后，孔压开始逐渐消散，最终消散为 0。

（5）与实测结果对比分析

实际工程中，对路基中心的地表沉降和路堤坡脚的水平位移进行了监测，将监测的结果同数值模拟的结果进行对比，分析数值模拟的准确性。同时，由于模拟加载过程与实际加载过程的不同,也会对计算结果造成一定影响。如图 11-31、图 11-32 所示。

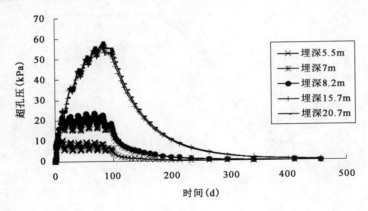

图 11-30　K32+044 超孔压分布

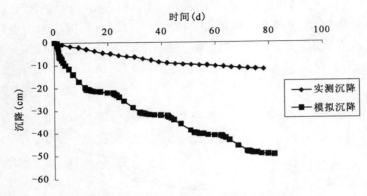

图 11-31　路基中心地表沉降实测值与模拟值对比

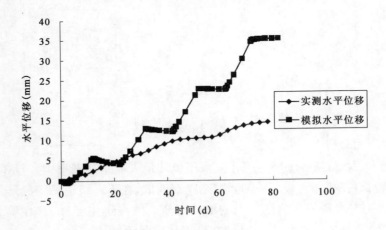

图 11-32　路堤坡脚水平位移实测值与模拟值对比

　　对比工程的实测结果与数值模拟的结果可知,路基的沉降和水平位移发展趋势相同,但由于土体材料参数和加载过程的影响,造成两者的发展趋势有较大不同且位移值相差较大。

11.3.4　K39+754 堆载预压断面

(1)分层沉降分析

由图 11-33 可知,随着路堤荷载的施加,土体的分层沉降随着荷载不断增加。当堆载完成后,路基进入预压阶段,数值模拟中计算的工后预压施加能为一年。在一年的预压期内,土体仍有较大的沉降,工后一年内的沉降量达到 7.3cm,工后沉降速率较快。由于 K39+754 断面的软土层较厚且埋深较大,因此其在堆载下排水固结速度较慢,在软土层的固结沉降在预压期仍较快地发展。

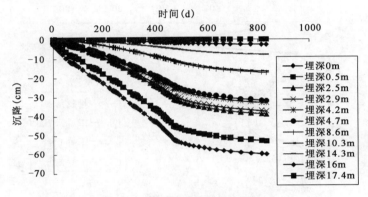

图 11-33　路基中心分层沉降

路基土体的沉降主要由于水位线以上的地表黏土层和粉土层的弹性压缩以及水位线下软土、软弱土层的固结沉降造成。由土层位移线间的压缩量可以看出,工后沉降的增长主要发生在埋深 4.7m 以下的软土、软弱土层,在该范围内土层上下的位移差增大,土体发生压缩。

(2)剖面沉降分析

由路基的横断面沉降分布(图 11-34)可知,路基的沉降主要发生在加固区范围内,在加固区外一定距离内土体也会产生沉降。沉降量从路基中心向外逐渐减小,在加固区外约 10m 处开始,沉降趋势转变为隆起趋势。

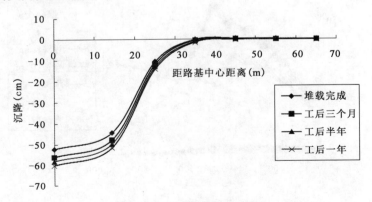

图 11-34　路基横断面沉降

当进入预压期后,土体的排水固结仍在进行,从堆载完成开始到工后一年期间,沉降量仍有明显增加,且在工后一年之内沉降速率仍然较快。

(3)水平位移分析

如图 11-35 所示,水平位移分布的趋势自地表向下逐渐减小,在土层性质较差的深度范围,水平位移发展较为明显。K39+754 断面地表为工程性质较差的黏性土,因此水平位移最大。自地表向下水平位移发展明显的埋深范围为软土和软弱土层。进入预压期后,水平位移在软土层和软弱土层仍有明显增长,从堆载完成至工后一年期间,最大增长量达到 8.5mm,且主要发生在软土层、软弱土层范围内。

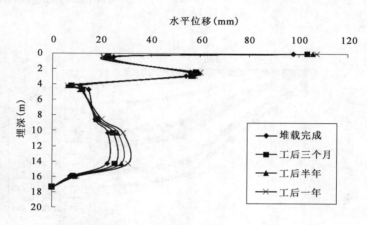

图 11-35　加固区边缘深层水平位移

(4)孔隙水压力分析

如图 11-36 所示,土体的超孔压随堆载增加而逐渐增大,由于在上部土体存在粉土层,所以渗透性较好,每级堆载增加后即开始较快地消散,超孔压最大值没有增加;在底部土体由于软土层、粉质黏土层渗透性较差,超孔压增加后消散较慢,超孔压值不断增大,在堆载完成时最大,达到 58.58kPa。当堆载完成进入预压期后,全部土层即进入排水固结阶段,此时超孔压开始随时间增长持续消散,直至彻底消失。

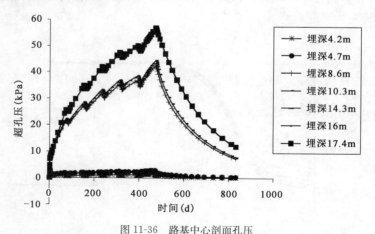

图 11-36　路基中心剖面孔压

(5)与实测结果对比分析

实际工程中,对路基中心的地表沉降和路堤坡脚的水平位移进行了监测,将监测的结果同数值模拟的结果进行对比,分析数值模拟的准确性。如图 11-37、图 11-38 所示。

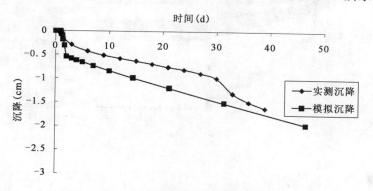

图 11-37 路基中心地表沉降实测值与模拟值对比

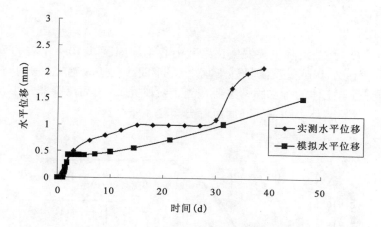

图 11-38 路堤坡脚水平位移实测值与模拟值对比

K39+754 断面的实际工程进度,在最新的资料中路堤刚刚堆载到 0.6m 高度,且施工时间近 80d,因此根据目前情况进行模拟,尽量在相同的时间内使堆载加载到同样高度。

由图 11-37 可知,由于土层参数的精确性问题及加载过程的问题,实测沉降同数值计算沉降存在一定差距,但二者发展趋势基本相同;对比水平位移值,模拟值与实测值在目前加载阶段比较接近,二者的发展规律及水平位移量比较接近。

11.3.5 K6+759 堆载预压断面

(1)分层沉降分析

由图 11-39 的分层沉降分布可知,K6+759.5 断面的土体工程性质较好,软土、软弱土层厚度很小且分布较深,并与粉土层互层分布,因此其水平向排水能力较好。土体的沉降主要发生在堆载阶段。

随着路堤荷载的增加,路基沉降快速增长,当堆载完成后,模拟的沉降值为 24.58cm。路基的工后沉降较小,工后一年内的沉降量不到 1cm,路基的绝大部分沉降在施工阶段完成。

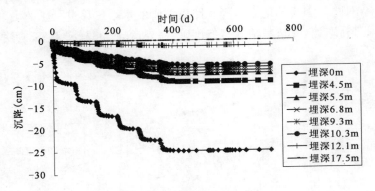

图 11-39　路基中心分层沉降

　　路基的沉降主要由顶层水位线以上粉土层的压缩产生,路基深处的软弱土层厚度较小、埋深较大且水平向的排水能力较好,软弱土的固结变形在施工阶段都已基本完成,因此产生的工后沉降量非常有限。

　　(2)剖面沉降分析

　　由图 11-40 可知,路基沉降主要发生在路基中心至加固区外 10m 左右的范围内。从加固区中心开始至加固区外 10m 处沉降量逐渐减小,呈半曲线的递减趋势。由于土层的工程特性较好且排水性能较强,土体的排水固结主要在施工阶段完成,工后沉降非常小,在堆载完成后,路基沉降几乎没有增长,整个路基横断面沉降分布基本不变。

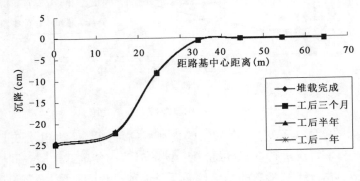

图 11-40　路基横断面沉降

　　(3)水平位移分析

　　如图 11-41 所示,K6+759.5 断面水平位移自地表向下逐渐减小,在地表粉土层为水平位移最大值,为 33.17mm。由于地基土整体力学性能相对较好,因此土体变形较小,侧向位移也相对较小。在预压阶段土体的侧向位移几乎没有增加。

　　(4)孔隙水压力分析

　　由土中超孔隙水压力分布(图 11-42)可知,当路堤堆载时土中超孔隙水压力迅速上升,在一级路堤堆载完成时又开始逐渐消散,在最终完成路堤填土施工后,土中孔压开始最终的消散,直至彻底消失。

　　K6+759.5 断面由于土层软土层较薄,顶部粉土层较厚,因而地基土整体排水性能较好。路基土体在受荷后产生的超孔压能够较快地消散,因而土体的孔压从加载后逐渐减小。最大值出现在第一级堆载时,约为 23.8kPa。在堆载完成后,孔压开始持续的消散,直至彻底消失。

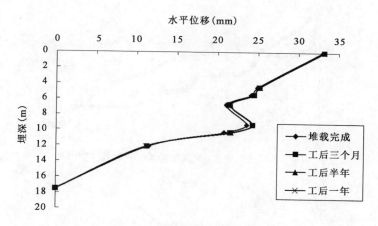

图 11-41　加固区边缘深层水平位移

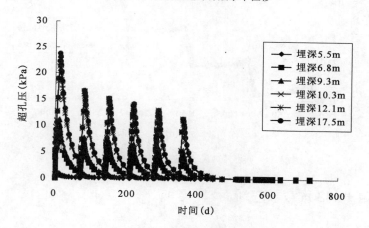

图 11-42　路基中心剖面孔压

(5)与实测结果对比分析

实际工程中,对路基中心的地表沉降和路堤坡脚的水平位移进行了监测,将监测的结果同数值模拟的结果进行对比,分析数值模拟的准确性。如图 11-43、图 11-44 所示。

K6+759 断面的路段目前仍处于施工阶段,其实际加载过程与数值模拟的简化过程有较大不同,一定程度上影响最终结果。

由图 11-44 可知,由于加载方式的不同,两者曲线形状有差异,但实测沉降与模拟沉降的发展趋势相同,且两者沉降值相差不大;对比水平位移的实测值和模拟值可知,两者发展趋势相近,水平位移量有少量差距,模拟值在加载初期略小于实测值,但在加载后期两者逐渐接近。综合图 11-43、图 11-44 可知,数值模拟与实测结果拟合程度较高,数值模拟结果的精确度较好。

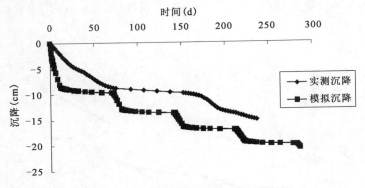

图 11-43　路基中心地表沉降实测值与模拟值对比

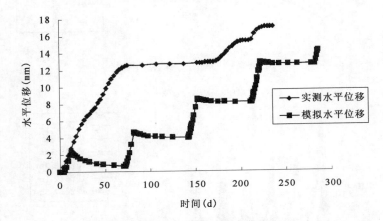

图 11-44　路堤坡脚水平位移实测值与模拟值对比

11.3.6　K4＋442 堆载预压断面

（1）分层沉降分析

如图 11-45 所示，K4＋442.5 断面的路基沉降主要是堆载期间的施工沉降。随着路堤填土增高，荷载增大，土体受到压缩，产生快速沉降。土体的沉降分布曲线随荷载的变化规律明显。堆载完成后路基沉降基本达到 35cm 左右。由于该路段压缩层为软弱土，软弱土埋深较浅，且软土层上下都有粉土分布，排水性较好，软弱土在堆载施工阶段能够快速排水固结，故路基的工后沉降很小。在进入预压期后，路基各层土体沉降发展较小。

由于地基中软弱土与粉土互层分布，故路基水平向排水能力相对较好。路基压缩主要由堆载期间的水位线上粉土和软弱土的弹性压缩产生。

（2）剖面沉降分析

路基断面沉降分布如图 11-46 所示，沉降主要发生在加固区及加固区外 10m 范围内。加固区沉降从路基中心向外逐渐减小，沉降范围大约在加固区外 10m 左右。在加固区外 10～20m 范围内，路基土体变形出现一定范围的隆起。在进入预压期后，土体由于排水固结作用产生工后沉降。在加固区中心工后一年内的工后沉降量约为 2cm，且主要发生在堆载完成至工后三个月的时间内。工后三个月至工后一年期间,路基沉降几乎不再增长。

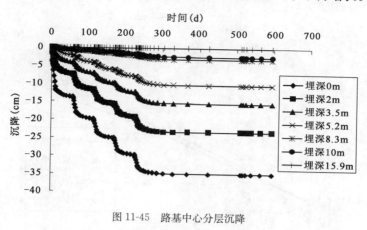

图 11-45 路基中心分层沉降

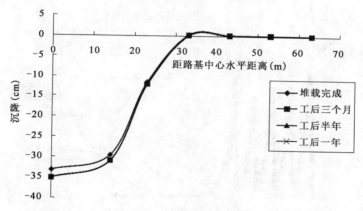

图 11-46 路基横断面沉降

（3）水平位移分析

K4＋442.5 断面路基土体的深层水平位移如图 11-47 所示。路基土体受到堆载作用产生压缩沉降,土体相应产生侧向位移。侧向位移先是从地表开始向下逐渐增加,在一定埋深处达到最大值,之后随着深度增加而逐渐减小,直至逐渐消失。该断面水平位移最大值相应为软土与顶层粉土的分界点。进入预压期后,路基土体的侧向位移仍然继续增长,但增长量有限。在堆载完成至工后一年的预压期内,水平位移大致增加了 4mm 左右,且主要发生在堆载完成的工后三个月内。工后三个月至工后一年期间,水平位移几乎没有增加。

（4）孔隙水压力分析

如图 11-48 所示,由于各层土的渗透系数相近,渗透性较好,因而其孔压值相差不大且孔压值整体较低。由 K4＋442.5 断面孔压分布可知,土中孔隙水压受路堤堆载影响,随堆载的增加而增加。当一级堆载施加时,土中孔压快速上升,当停止堆载时又随时间增长而下降,之后在下一级堆载时再次上升,直到全部堆载完成。此时土中孔压从堆载完成时的峰值开始逐渐消散,直到彻底消失。由于土层渗透性较好,堆载产生的超孔压很难保持到下一级加载,在相邻两级堆载间的间歇期内孔压几乎消散殆尽。超孔压在第一级堆载时达到最大值约为

23.6kPa,此后超孔压不断减小,在最后一级堆载完成后,开始连续地消散,直至彻底消失。

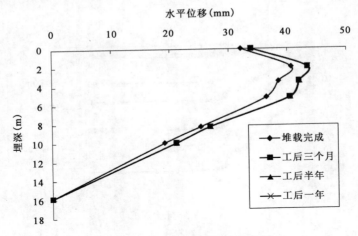

图 11-47　加固区边缘深层水平位移

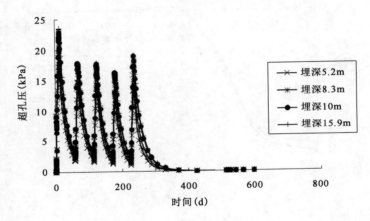

图 11-48　路基中心剖面孔压

(5)与实测结果对比分析

实际工程中,对路基中心的地表沉降和路堤坡脚的水平位移进行了监测,将监测的结果同数值模拟的结果进行对比,分析数值模拟的准确性。如图 11-49、图 11-50 所示。

K4+442 断面的路段目前仍处于施工阶段,其实际加载过程与数值模拟的简化过程有较大不同,一定程度上影响最终结果。

由图 11-49 的路基中心地表沉降的实测值和模拟值对比可知,两者发展规律相似,但由于数值模拟参数等有限元分析的误差问题,导致两者沉降值存在差异;由图 11-50 可知,实测水平位移与模拟水平位移发展规律接近且位移量相差不大,两者曲线的发展规律接近,随水平位移模拟的准确性较好。

11.3.7　K23+066 堆载预压断面

(1)分层沉降分析

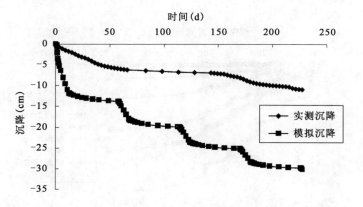

图 11-49　路基中心地表沉降实测值与模拟值对比

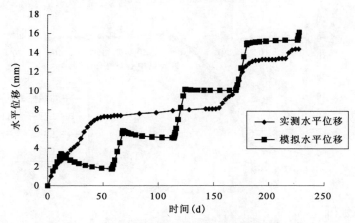

图 11-50　路堤坡脚水平位移实测值与模拟值对比

如图 11-51 所示为 K23＋066.5 路基中心的分层沉降。由各土层沉降分布曲线可知,随着堆载的增加,路基的沉降量快速增长,在堆载完成时路基沉降达到 56.2cm。在堆载完成进入预压期后,土体沉降仍继续发展,工后一年内路基中心的地表沉降量增加了 8.7cm。此时土体的沉降主要由土体的固结引起。土中孔隙水在恒定的堆载作用下,随着时间不断增长,由堆载引起的超孔压逐渐消散,土中孔隙水被排出而土体得到压缩,土体有效应力增长,强度提高,路基的稳定性增强。由图 11-51 可以看到,在路堤堆载期间产生的沉降主要是水位线以上粉土层和水位线上下的软土产生的;当进入预压期后,埋深 8.1m 以上的土体的工后沉降较大,沉降发展较快。因为该深度土体的工后沉降主要受软土层的影响,在预压期内的沉降主要是软土层的固结沉降。由于路基软土较厚,排水能力较差,因而固结沉降缓慢,在堆载完成后仍有较大沉降。

(2)剖面沉降分析

如图 11-52 所示,在路堤荷载的作用下,加固区及加固区外约 10m 范围内的路基产生沉降。在加固区外 10~20m 范围内的土体在荷载作用下出现隆起变形。在堆载完成后至工后一年的时间内,加固区土体继续发生沉降,土体的隆起趋势减弱。由横断面图可知,进入预压期后,土体仍在不断地发生沉降,在工后三个月内发展较快。工后三个月至工后一年期间,沉降发展逐渐减缓。

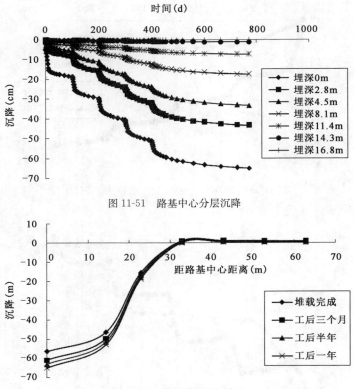

图 11-51 路基中心分层沉降

图 11-52 路基横断面沉降

（3）水平位移分析

如图 11-53 所示，水平位移分布自路基表面向下逐渐增大，在埋深 2.8m 以下又逐渐变小。进入预压期后，路基土体的侧向位移随时间增加而逐渐增长。从地表至埋深 11.4m 范围内土体水平位移都有增加。在埋深 2.8m 处水平位移增加最大，在工后一年内增加 16.2mm。其中，堆载完成至工后三个月期间发展较快，水平位移增加 12.4mm。

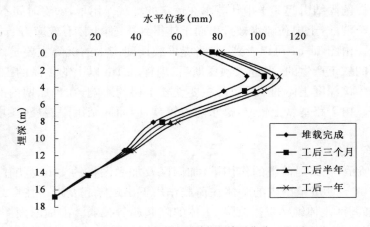

图 11-53 加固区边缘深层水平位移

（4）孔隙水压力分析

由图 11-54 可知，土体的超孔压随路堤堆载的变化而变化，在每一级路堤填土加载时超孔压随之增加，在两级填土间的固结期，超孔压又迅速消散，如此反复，直到全部堆载施加完毕，超孔压最终从最大值开始随时间逐渐消散，直至消散为 0。K23+066 断面在堆载完成时超孔压达到最大值，达到约 32.9kPa。在进入预压期后，超孔压开始持续地消散。

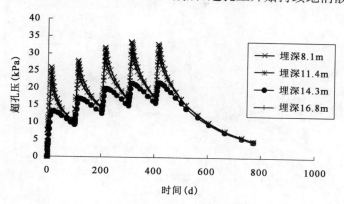

图 11-54　路基中心剖面孔压

（5）与实测结果对比分析

实际工程中，对路基中心的地表沉降和路堤坡脚的水平位移进行了监测，将监测的结果同数值模拟的结果进行对比，分析数值模拟的准确性。此外，由于数值模拟对加载过程进行了一定的简化，加载和固结时间也不能同实际情况完全一致，因而会造成结果出现误差。如图 11-55、图 11-56 所示。

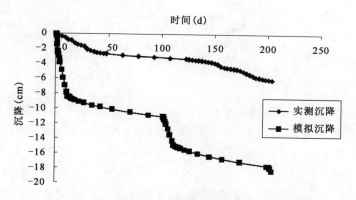

图 11-55　路基中心地表沉降实测值与模拟值对比

由图 11-56 可知，实测沉降与模拟沉降的发展规律大致相同，但由于材料参数与及加载过程等因素，导致两者出现较大的差值；水平位移的对比可知，模拟结果同实测结果趋势相似，由于加载因素，两者侧移曲线形状有较大不同，但水平位移值相差较小。

11.3.8　K41+405 排水预压断面

（1）分层沉降分析

如图 11-57 所示,K41+405 断面的软土与粉土层互层,且在埋深 10m 范围内都打设有排水板,路基的排水能力较强。另外,由于路基填土的施工周期较长,在堆载的过程中土体的固结沉降也在同时进行,进一步提高了土体的固结沉降速度。因此,在路堤堆载的施工阶段,软土的固结沉降已经基本完成,路基沉降随着堆载增加而不断增加,工后沉降很小。

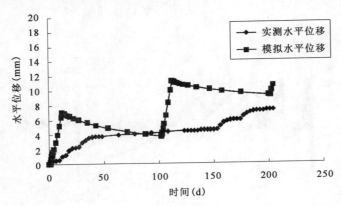

图 11-56　路堤坡脚水平位移实测值与模拟值对比

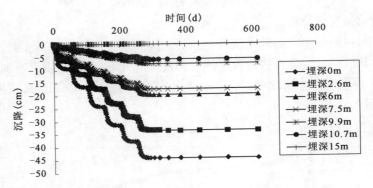

图 11-57　路基中心分层沉降

由图 11-57 可以看到,路基沉降主要由水位线以上粉土层的弹性压缩以及路基中软土层的固结沉降产生,在堆载完成时,路基的沉降量达到 44.12cm,而工后一年内的沉降量约为 1.9cm,且主要发生在工后三个月内。

(2)剖面沉降分析

由图 11-58 可知,路基横断面沉降主要在加固区内产生,从加固区中心至加固区外 10m 处逐渐减小,在路基中心至路肩范围沉降较大,路肩至加固区外 10m 范围沉降逐渐减小至 0。从横断面沉降可以看到,在堆载完成至工后一年内,加固区中心出现约 2cm 的工后沉降,且主要发生在堆载完成至工后三个月的时期内。从工后三个月至工后一年,沉降几乎不再增长。

(3)水平位移分析

如图 11-59 所示,路基土体的侧向位移自地表向下逐渐减小,在地表下一定埋深达到最大值。K41+405 断面的水平位移最大值点在埋深 2.6～6.0m 的软土层。由于软土层力学性质较差,因而受荷后出现的侧向位移相比相邻土层要大,土体的侧向位移最大值达到 95.46mm。

进入预压期后,土体由于排水固结使土体沉降增大,水平位移也有一定增长。但仅上部路基土体仍有侧向位移发展,主要在埋深 2.6 以上的土体。在一年的预压期内水平位移增长量约为 4.6mm。

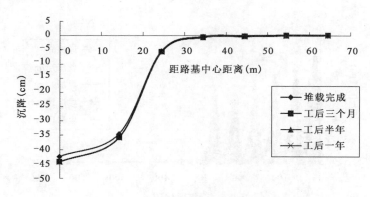

图 11-58 路基横断面沉降

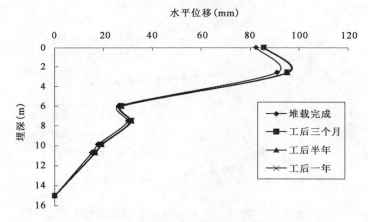

图 11-59 加固区边缘深层水平位移

(4)孔隙水压力分析

如图 11-60 所示,土中孔压值随路堤堆载的变化而变化。在堆载加载时,土中孔压迅速上升;在加载停止后,土中孔压逐渐消散;在最终堆载施工完成后,土中超孔隙水压力随时间不断消散直至孔压值为 0。

孔压值的大小与土层渗透性有关。上部土体由于排水板的作用,渗透性较好,孔压消散较快,因而孔压值相对较低,孔压约为 5kPa;底部土体渗透性较差,孔压消散较慢,因而孔压值相对较高,孔压最大达到约 20kPa。

(5)与实测结果对比分析

实际工程中,对路基中心的地表沉降和路堤坡脚的水平位移进行了监测,将监测的结果同数值模拟的结果进行对比,分析数值模拟的准确性。如图 11-61、图 11-62 所示。

目前,K41+405 断面的路段仍处于施工阶段,其实际加载过程与数值模拟的简化过程有较大不同,一定程度上影响最终结果。

由图 11-62 可知,实测沉降与模拟沉降二者存在较大差值,分析原因可能是由于路基的材料从参数的原因造成的;对比水平位移,实测值同样同模拟值有较大差异,其发展规律及大小都有较大不同。

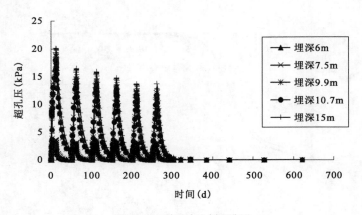

图 11-60　路基中心剖面孔压

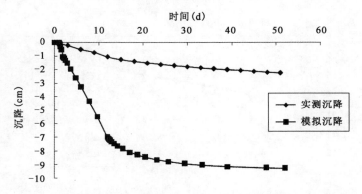

图 11-61　路基中心地表沉降实测值与模拟值对比

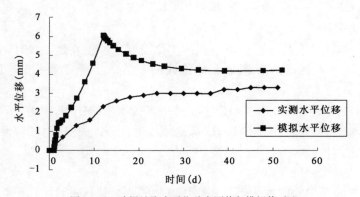

图 11-62　路堤坡脚水平位移实测值与模拟值对比

11.3.9　K41+681 排水预压断面

(1)分层沉降分析

如图 11-63 所示,K41+681 断面软土层厚度较大且揭露于地表。竖向排水体贯穿首层软土层,并深入到地下的第二层软土中,路基土体的排水能力较强。由于路基堆载的施工周期较长,随着堆载的增加,路基沉降不断增长。在堆载完成后,路基的沉降也基本完成,软土的固结沉降在堆载过程中也同时基本完成。路基沉降主要由软土层的排水固结作用产生,且在施工阶段基本完成,在堆载完成后至工后一年内,路基的工后沉降约为 2.5cm,满足《公路路基设计规范》(JTG D30—2004)的相关要求,因此路基的工后沉降量能够满足公路正常使用的要求。

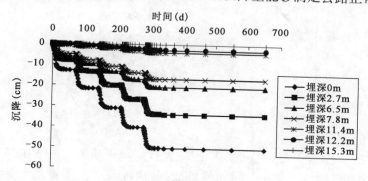

图 11-63　路基中心分层沉降

（2）剖面沉降分析

如图 11-64 所示,路基横断面沉降主要发生在加固区内,从路基中心向外逐渐减小。路基中心至路肩范围沉降量较大,从路肩开始至加固区外 10m 处,路基沉降逐渐减小至 0。

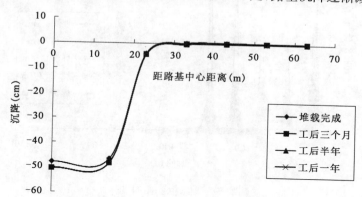

图 11-64　路基横断面沉降

当堆载完成后,路基进入预压阶段,此时路基土体仍有少量的沉降发展,且主要发生在工后三个月内。从堆载完成至工后三个月期间,路基中心沉降量增加了约 2.5cm,满足《公路路基设计规范》(JTG D30—2004)对工后沉降的要求。

（3）水平位移分析

如图 11-65 所示,路基土体的侧向位移从地表开始,随深度增大逐渐减小。由于该断面软土层较厚,土体的侧向位移主要由软土层产生,即图中 0~6.5m、7.8~11.4m 两部分土体,土体在这两段内水平位移变化较大。最大水平位移点在地表,侧移值为 194.49mm。进入预压期后软土范围内土体侧移仍有部分增长,在埋深 2.7m 处侧移增长约 10mm 左右。

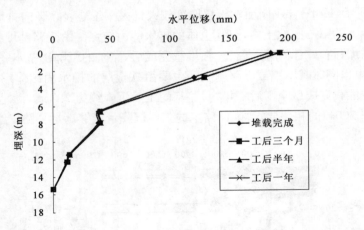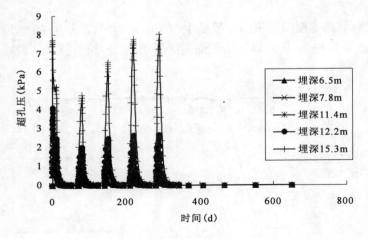

图 11-65　加固区边缘深层水平位移

（4）孔隙水压力分析

如图 11-66 所示，该路基断面软土层厚度较大且揭露于地表。由于在路基土体中布置了袋装砂井，因此加固区路基土体整体排水性能较好，由堆载产生的超孔压能够较为迅速地消散，且路基整体孔压值较小。

图 11-66　路基中心剖面孔压

由图 11-66 可知，土中孔压在路堤堆载时迅速上升，在堆载停止后土中孔隙水由竖向排水体被排出，孔压迅速消散，如此反复，直到最终路堤堆载施工完成。此时孔压随时间增长而彻底消散，直至孔压值为 0。

（5）与实测结果对比分析

实际工程中，对路基中心的地表沉降和路堤坡脚的水平位移进行了监测，将监测的结果同数值模拟的结果进行对比，分析数值模拟的准确性。如图 11-67、图 11-68 所示。

K18+585 断面的路段目前仍处于施工阶段，其实际加载过程与数值模拟的简化过程有较大不同，一定程度上影响最终结果。

由于土体材料参数及加载方式的问题，导致路基中心沉降和路堤坡脚水平位移的实测值同模拟值有较大差异,两者的曲线分布和位移量都有较大不同,需要进一步研究解决。

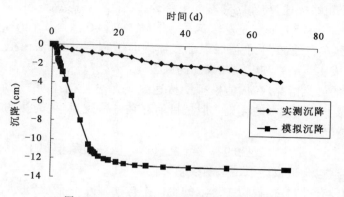

图 11-67　路基中心地表沉降实测值与模拟值对比

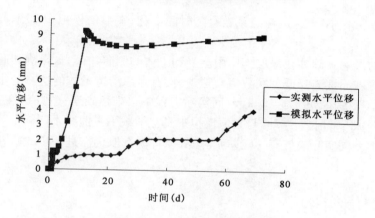

图 11-68　路堤坡脚水平位移实测值与模拟值对比

11.4　有限元计算的误差分析

通过同现有土体位移监测数据的比较可知,有限元模拟结果同实际情况存在一定差距,通过分析可知,可能主要是由以下原因造成的:

(1)地勘报告中参数的准确性。由于分析路段土体参数的样本过少,不能准确反映土体的各项特性,具有较大误差。

(2)数值分析时荷载的施加方式、加荷的级数和大小、加载步的步长、间歇步的步长同实际工程存在一定差异。

(3)实际的施工速度及施工情况,同数值模拟存在差异。在时间较长的加载步间歇期内,土体仍然继续排水固结,强度得到提高,因此后续加载的沉降较小。数值模拟将各间歇时间均匀化,只能尽量减小由于施工时间不规律造成的模拟结果同实测结果间的误差。

(4)模型计算域对结果的影响。由于数值计算规模的限制,土体的计算范围并不能取无限大,只能在计算效率和对结果的影响间综合考虑,土体的边界条件不可避免的影响土体的变形,使模拟结果同实测值产生差异。

(5)本书分析路段的地层情况根据工程地质纵断图来确定。工程地质纵断图只是对地基土层分布情况的一个粗略描述,与实际路基的土层分布必然存在一定差异。

(6)土体采用的 Biot 固结理论,是基于饱和土体确立的。在实际工程中,地下水位线位于地表下以下埋深 10m 左右处,地下水位线以上土体为非饱和土,在数值模拟中一律按饱和土体考虑,因而同会造成实测结果和模拟结果间的误差。

(7)对于土中水的渗流情况,在数值模拟中按达西定律进行描述,在 biot 固结理论中,也采用达西定律来考虑土中孔隙水的渗流。但是目前存在一些观点,认为达西定律并不能完全描述孔隙水的渗流情况。

(8)在实际工程中,土是一种复杂的各向异性材料。但在数值模拟中,将同层土体视为均值的各向同性材料,这也会造成模拟结果的误差。

(9)由于土体的复杂性,数值模拟中选取的土体本构模型并不能完全反映土体的应力应变特性。

(10)在实际工程中,土体的渗透系数会随时间变化;在数值模拟中,土体的渗透系数不随时间变化,为一常数。

(11)井阻的影响。砂井在深层土体中会受到土体的侧向约束力,影响其通水性能,因此其渗透系数应随深度而逐渐降低。在数值模拟中,没有考虑渗透系数的这一变化。

(12)真空负压的设计值为 -80kPa,而实际工程中很难达到这一数值,且实际抽真空时真空度是在 $70\sim80\text{kPa}$ 间上下浮动,与数值模拟中真空荷载平滑曲线不同。

(13)计算模型同实际模型有一定差别,边界条件的选取仍需进一步的研究、改进以模拟实际情况。

11.5 本章小结

(1)本章依托邢衡高速衡水段二期工程,对排水固结法处理湿地湖泊相软土的推广应用进行了有限元分析,研究其加固机理和加固效果。首先介绍了软土路基排水固结处理数值模拟的一些基本理论,包括有效应力原理、比奥固结理论以及数值模拟中常用的材料模型的基本理论,包括线弹性模型、摩尔库伦模型和剑桥模型钢,还将排水板换算成等效砂井,并向等效砂墙地基进行换算的基本方法进行了介绍。

(2)对建立工程数值模型的步骤进行了具体介绍,包括分析断面的确定、数值模拟中采用的一些假设、路基模型计算区域的确定和边界条件、模拟的计算步和加载过程以及路基模型的具体材料参数和相应的材料模型。

(3)对各分析断面进行了数值模拟结果的分析,由分析可知:在路堤堆载阶段,路基中心地表的沉降会随堆载的增加而迅速增加,施工阶段的沉降占路基的绝大部分沉降;进入预压阶段后,各路基断面的工后沉降大小、沉降速度根据各路段地层结构和排水路径的不同,也存在较大差异。整体来讲,软土层越厚,软土埋深越大,则路基的工后沉降量和沉降速率越快。在一年的预压期内,全部砂井堆载断面和大部分堆载预压断面的工后沉降能够稳定,但少数软土层较厚的堆载预压断面,一年的预压期不能满足沉降要求,需延长预压时间。

(4)对于全部断面来说,由于堆载采用的是路堤自重,为正值的恒定静荷载,因此沉降主要发生在加固区范围内,且自加固区中心至加固区外 10m 处沉降趋势逐渐减小。加固区外 10m 以外土体,由于加固区土体侧向变形的原因会产生一定程度的隆起,当进入预压期后隆起逐渐减小。

(5)路基土体的水平位移自地表向下逐渐减小,一般在软土、软弱土层侧向位移发展较大,在粉土和粉砂层发展较小。在预压期内,土体水平位移随固结沉降仍有增加,但增幅较小且主要发生在上部土体范围内。

(6)路基中的超孔隙水压力随堆载的增加而增加,在荷载间歇期有一定程度消散,在下一级荷载继续开始增加,直至进入预压期,超孔压停止增加开始持续消散,直至最终消失。一般来说,上部土体渗透性较好,孔压消散较快,孔压值较低;底部土体渗透性差,孔压消散慢,孔压值较高。

(7)由于数值模拟时采用了一些简化假设,并且模拟路段数量较多,工程地勘资料不足,材料参数样本较少,实际工程与模拟的加载方式不同等原因,导致数值模拟结果同实测结果存在较大差异。需要在今后的研究中,通过反复分析得到准确的材料参数予以解决。但数值模拟的土体变形趋势同实际情况是相符的,其得到的加固机理具有一定的参考价值。

第 12 章　结论与展望

12.1　结论

本书依托邢衡高速衡水段工程,通过现场试验、离心模型试验、FLAC^{3D}有限差分分析、PFC^{3D}离散元分析、ABAQUS 有限元分析等研究方法,对排水固结法处理湿地湖泊相软土进行了一系列深入完整的研究,彻底分析了排水固结的各种方法在加固湖泊相软土地基中的作用机理、加固的效果以及影响加固效果的各种设计、施工和工程地质条件的因素,得到了大量有益的结论。现将主要结论列出如下:

(1)不论是水泥搅拌桩法处理还是真空堆载联合预压方式进行处理,软土地基最终的总沉降结果是一致的,加固区中心位置的沉降均为 200mm 左右,而其与路堤边缘的不均匀沉降也在 30mm 左右,而且土体在两年时间内也都达到了稳定。不同点在于水泥搅拌桩法使全部沉降均出现在工后的使用期,而真空堆载联合预压法的主要沉降都集中在施工期间。对于土应力的变化,在总变化量上大致相同。在水泥搅拌桩法中,全部的土应力变化均出现在工后,而在真空堆载联合预压方法中,土应力的变化主要出现在工期,这也表现出来真空堆载联合预压的优势。

(2)通过对比渗流和位移场进行分析可知:离心机试验的排水方式主要是向下排,水推动土颗粒固结,在完成主要固结之后还会缓慢地将一些水通过排水板排出。现场试验的排水方式一致保持不变,始终在真空荷载和堆载荷载的条件下排水。这就决定了离心机的固结显示非常迅速,然后突然减慢,而现场试验的固结是先快然后逐渐减慢的过程。

(3)通过 PFC^{2D}对真空堆载联合预压现场试验断面进行研究,结果表明:渗流场中水流是水平的,而颗粒场中的土颗粒仍然是向下的;现场模拟值的中心表面沉降曲线比之前改进后的离心机曲线更加接近现场工程的实测值;从土层的角度分析,粉质黏土层的加固效果仍然是最好的;孔隙率的变化曲线则出现了加载前期不断反复,到了一定时段才逐渐平稳变化的现象。

(4)通过对二期推广应用的代表性路段进行有限元分析,可知:在路堤堆载阶段,路基中心地表的沉降会随堆载的增加而迅速增加,施工阶段的沉降占路基的绝大部分沉降;进入预压阶段后,各路基断面的工后沉降大小、沉降速度根据各路段地层结构的不同和排水路径也存在较大差异;路基沉降主要发生在加固区范围内,且自加固区中心至加固区外 10m 处沉降趋势逐渐减小。加固区外 10m 以外土体,由于加固区土体侧向变形的原因,会产生一定程度的隆起,当进入预压期后隆起逐渐减小。

(5)路基土体的水平位移自地表向下逐渐减小,一般在软土、软弱土层侧向位移发展较大,在粉土和粉砂层发展较小。在预压期内,土体水平位移随固结沉降仍有增加,但增幅较小且主要发生在上部土体范围内。路基中的超孔隙水压力随堆载的增加而增加,在荷载间歇期有一定程度消散,在下一级荷载继续开始增加,直至进入预压期,超孔压停止增加,开始持续消散,直至最终消失。上部土体渗透性较好,孔压消散较快,孔压值较低;底部土体渗透性差,孔压消散慢,孔压值较高。

12.2 展望

(1)由于条件限制,离心模型试验在很多方面不能够与实际情况符合,并且很多试验数据无法测量,导致试验结果存在误差,希望今后随着试验技术的发展能够予以解决:离心机试验无法解决堆载的分级加载问题,而且由于模型箱和实际工程尺寸的限制,甚至不能测出加固区边缘位置的沉降情况;最大的问题还是在于负压的产生和消散,负压的上升和消散都要30min,在实际工程中相当于2个月左右,显然与实际不符;地基土的分层沉降测量问题一直是离心机试验的主要问题,试用了预应力光纤等方式,但始终无法完成各土层间的沉降分析,而反光纸又不能达到精度要求,这是一个重大的遗憾;离心机试验所用的土压力传感器精度太小,使得最终的测量值非常不准确,上下的误差非常大,加上信号跳动的影响,使得最终数据情况并不理想;由于模型中土体孔压过小,甚至不能达到孔压传感器的精度值,所以最终无法得到相应的孔压数据;对于真空堆载联合预压试验来说,试验用真空泵在大小和功率上都受到限制,使得要想试验成功就不得不降低真空泵的功率,最终无法达到现场$-80kPa$的负压;受限于g值和模型箱的尺寸,还要考虑到边界效应的问题,使得试验中不能测试加固区边缘的沉降和土压力,仅能分析路堤断面的沉降情况,而且在边界效应的影响下,也不能看到加固区边缘的隆起。

(2)本书应用了$FLAC^{3D}$有限差分软件,对水泥土搅拌桩法和真空堆载联合预压法处理软土路基工程进行了沉降模拟计算,结果表明,仍需对本构模型、排水板的计算参数以及桩土之间接触面参数进行进一步研究。数值模拟计算结果比较精确可靠,但其参数的选取相对较为复杂,计算时间相对较长,下一步应进行参数优化替代研究,使其在工程中的应用实现普遍化。

(3)本书中对真空堆载联合预压的离心模型试验和现场试验进行了PFC^{2D}离散元分析,由于时间及条件限制,仍然存在一些缺陷,希望能在今后的研究中予以完善解决:未能将PFC^{2D}中时步转换成实际工程中的时间,原因在于没能在PFC^{2D}中找到合理的时步进行转换,能否找到合理的转换方式,需要进一步研究;在由离心机模型向现场工程的推导过程中,颗粒半径的选择是最大的一个难点,由于PFC软件运算能力对颗粒大小的限制,无法选相同半径的颗粒,所以选择了扩大n倍的粒径。关于两种模型中颗粒的大小关系还有待于进一步研究;由于离散元软件自身的特性,没能做出较完整的路基模型的整体渗流图,而是对模型分开进行求解,因为这是一个在整体中各个不同部分渗流的问题。从文献报道来看,暂时还没有人能用离散元实现对现场工程的完整模拟,所以这仍是一个需要研究的问题。

(4)由于数值模拟中采用了很多简化的假设,得到的结果往往与实际情况有一定差距,需要进一步完善,才能得到符合实际的理想结果。在以下几个方面,值得进行更近一步的研究:需要建立能够更加准确描述湖泊相软土工程特性的材料模型;需要能够通过少量的材料参数,得到较为准确结果的数值分析方法;通过更为充分的实测数据,对软土路基进行反分析,以确定精确的材料参数,能够对软基的固结沉降机理进行更为准确的分析。

参 考 文 献

[1] G. Plizzari, F. Waggoner, and V. Saouma, Centrifuge Modeling and Analysis of Concrete Gravity Dams [J]. Journal of Structural Engineering, October 1995, Vol. 121(Issue 10):1471-1479.

[2] W. Powrie, C. Kantartiz, Ground Respond During Diaphragm Wall Installation in Clay [J]. Centrifuge Model Tests Geotechnique, 1996, Vol. 46(Issue 4):725-739.

[3] Chu J., Yan S. W. and Yang. H. Soil Improvement by Vacuum Preloading Method for Oil Storage Station [J]. Geotechnique, 2000(6):625-632.

[4] Harvey, Judith A. F. Vacuum Drainage to Accelerate Submarine Consolidation at Chek Lap Kok [J]. Hong Kong. Ground Engineering, 1997(6): 34-36.

[5] Leong E. C et al. Soil Improvement by Surcharge and Vacuum Preloading [J]. Geotechnique, 2000(S):601-605.

[6] Asaoka A. Observational Procedure of Settlement Prediction [J]. Soils and Foundation, 1978, 18(4):87-10.

[7] G R Liu, Y T. Gu, Coupling of Element Fre Galerkin and Hybrid Boundary Element Methods Using Modified Variational Formulation [J]. Computational Mechanicals, 2000(36):166-173.

[8] Choa V. Drams and Vacuum Preloading Pilot Test [J]. Proc. Of XII ICSMFE, 1989 (3):1347-1350.

[9] Davids. Yang, J ack N, Yagihashi et al. Dry Jet Mixing for Stabilization of Very Soft Soils and Organic Soils [J]. Soil Improment for BigDigs:96-103.

[10] UddinK, Balasubramaiam A. S. and Bergado D. T. Engineering Behavior of cement-treated Bankok Soft Clay [J]. Geotechnical Engineering (Bangkok), 1997, 89-11.

[11] N. Isamael, Behavior of Laterally Loaded Bored Piles in Cemented Sands [J]. Journal of Geotechnical Engineering, 1990, 116(11):1678-1699.

[12] H. Yong-gang, Q. Luo, L. Zhang, Deformation Characteristics Analysis of Slope Soft Soil Foundation Treatmentwith Mixed-in-place Pile by Centrifugal Model Tests [J]. Rock and Soil Mechanics, 2010,31(7):2208-2213.

[13] W. Wang, A. Zhou, and H. Ling, Field Tests on Composite Deep-Mixing-Cement Pile Foundation under Expressway Embankment [J]. Slope Stability, Retaining Walls, and Foundations,2009, 10(10):62-67.

[14] Fuglsang L D, Oveson N K. The Application of the Theory of Modeling to Centrifuge Studies [J]. Centrifuge in Soil Mechanics , 1988.

[15] Seed H B. The Teton Dam Failure, A Retrospective Review[A]. Proc Xth ICSMFE [C]. Stockholm, 1981.

[16] R. J. M arsal. Mechanical Properties of Rockfill [J]. Embankment Dam Engineering, Casagramde Volume, 1973:109-200.

[17] Sheard J L, Dunnigan L P. Basic Properties of Sand and Gravel Filters [J]. J Geotech Engrg ASCE, 1984, 110(1).

[18] Indraratna B. et al. Design for Grouted Rock Bolts Based on the Convergence Control Method [J]. Int. Rock Mech. Sci Geomech. 1986(4):268-281.

[19] A. N. Schofield [J]. Cambridge Geotechnical Centrifuge Operations Geotechnique, 1980, 20:227-268.

[20] 吴跃. 真空—堆载联合预压法加固高速公路软基的理论研究及应用[D]. 南京:河海大学硕士论文,1999.

[21] 叶柏荣,张敬,张欣. 超软地基加固技术[J]. 港口工程,1986(5):1-7.

[22] 高志义,苗中海. 南宁机场软土地基真空预压[J]. 港口工程,1992(1):18-22.

[23] 陈环,鲍秀清. 负压条件下土的固结有效应力[J]. 岩土工程学报,1984(5):39-47.

[24] 阎澎旺,陈环. 用真空加固软土地基的机制与计算方法[J]. 岩土工程学报,1986(3):35-43.

[25] 龚晓南,岑仰润. 真空预压加固软土地基若干问题[J]. 地基处理,2002(4):7-11.

[26] 高志义,张美燕,刘玉. 真空预压加固的离心模型试验研究[J]. 港口工程,1988(3):45-50.

[27] 常保平. 软土路基沉降历程预报方法的改进[J]. 中国公路学报,1993(3):5-7.

[28] 李广信. 岩土工程中的预测与预算[J]. 地基处理,2000,3(3):67-71.

[29] 岑仰润. 真空预压加固地基的试验及理论研究[D]. 杭州:浙江大学博士学位论文,2003.

[30] 沈珠江. 软土地基真空排水应用的固结变形分析[J]. 岩土工程学报,1998(3):7-15.

[31] 韩选江. 土力学和地基工程[M]. 上海:上海交通大学出版社,1990.

[32] 赵维炳,艾英钵,张静. 排水固结加固高速公路深厚软基工后沉降[J]. 水利水运工程学报,2003(3):28-33.

[33] 中华人民共和国行业标准. JGJ 79—1991 建筑地基处理技术规范[S]. 北京:建筑工业出版社,2000.

[34] 沈扬,梁晓东,岑仰润,等. 真空固结室内实验模拟与机理浅析[J]. 中国农村水利水电,2004(4):58-64.

[35] 龚晓南,岑仰润. 真空预压加固软土地基机理探讨[J]. 哈尔滨建筑大学学报,2002(3):7-10.

[36] 高志义. 真空预压法的机理分析[J]. 岩土工程学报,1989(4):45-56.

[37] 费康,张建伟. ABAQUS 在岩土工程中的运用[M]. 北京:中国水利水电出版社,2010.

[38] 中华人民共和国行业标准. JTJ 250—1998 港口工程地基规范[S]. 北京:水利水电出版社,1998.

[39] 小林正树,土田孝. 锦海湾真空压密工法现地实验[J]. 港湾技术资料,1984(7):28-36.

[40] 温晓贵,朱建才,龚晓南. 真空堆载联合预压加固软基机理的试验研究[J]. 工业建筑,

2004,34(5):40-43.

[41] 赵维炳,艾英钵,张静.排水固结加固高速公路深厚软基工后沉降[J].水利水运工程学报,2003(3):28-33.

[42] 张诚厚.真空作用面位置及排水板间距对加固效果的影响[J].岩土工程学报,1990(1):56-60.

[43] 唐生.真空预压法加固软土地基现场试验研究及其应用[D].南京:真空预压加固软土地基论文汇编,1986.

[44] 明经平,赵维炳.真空预压中地下水位变化的研究[J].水运工程,2005(1):1-6.

[45] 唐界生.天津港东突堤辅建区真空预压工程加固效果的调查与分析[J].港口工程,1988(6):2-7.

[46] 殷宗泽.土体沉降与固结[M].北京:中国电力出版社,1998.

[47] 王志亮.软基路堤沉降预测和计算[D].南京:河海大学博士学位论文,2004.

[48] 娄炎.真空排水预压法加固软土技术[M].1版.北京:人民交通出版社,2002.

[49] 曾国熙,龚晓南.软土地基固结有限元分析[J].浙江大学学报,1983:1-14.

[50] 梅国雄.固结有限层理论及其应用[D].南京:河海大学博士学位论文,2002.

[51] 赵维炳,陈永辉,龚友平.平面应变有限元分析中砂井的处理方法[J].水利学报,1998(6):66-71.

[52] 童小东.水泥土添加剂及其损伤模型试验研究[D].浙江大学博士学位论文,1998.

[53] 叶观宝.地基加固新技术[M].北京:机械工业出版社,2004.

[54] 梁仁旺,张明,白晓红.水泥土的力学性能试验研究[J].岩土力学,2001,22(3):211-213.

[55] 张家柱,程钊,余金煌.水泥土性能的实验研究[J].岩土工程技术,1999(3):38-40.

[56] 汤怡新,刘汉龙,朱伟.水泥固化土工程特性试验研究[J].岩土工程学报,2000,22(5):549-554.

[57] 郭宏峰.有机质对水泥土强度影响的机理研究[D].同济大学硕士研究生论文,2008.

[58] 段继伟,等.水泥搅拌桩的荷载传递规律[J].岩土工程学报,1994,16(4):104-109.

[59] 肖林,王春义,郭汉生.建筑材料水泥土[M].北京:水利电力出版社,1987.

[60] 马海龙,陈云敏.水泥土桩桩土应力分担及曲线形式研究[J].岩石力学与工程学报,2006,25(3):4112-4119.

[61] 郑刚,陈辉.型钢水泥土组合梁抗弯模型试验的有限元分析[J].建筑科学,2003,19(4):39-42.

[62] 蒋鑫,魏永幸,邱延峻.基于强度折减法的斜坡软弱地基填方工程特性分析[J].岩土工程学报.2007,29(4):622-627.

[63] 魏永幸.内昆铁路李子沟斜坡软土特性及路基工程对策[J].地质灾害与环境保护,2000,11(3):104-106.

[64] 朱维新.土工离心模型试验研究概况[J].岩土工程学报,1986,8(3):19-26.

[65] 贾坚.竹筋水泥土搅拌桩挡土墙的试验研究与分析[D].同济大学硕士研究生论文,1991.

[66] 张炜. 土工离心模型试验技术综述[J]. 军工勘察,1994(1):16-22.

[67] 包承刚,饶锡保. 土工离心模型试验原理[J]. 长江科学院院报,1998,15(3):2-7.

[68] 徐光明,章为民. 离心模型中粒径效应和边界效应研究[J]. 岩土工程学报,1996,18(3):80-86.

[69] 白冰,周健. 土工离心模型试验技术的一些进展[J]. 大坝观测与土工测试,2001,25(1):36-39.

[70] 濮家骝. 土工离心模型试验及其应用的发展趋势[J]. 岩土工程学,1996,18(5):92-94.

[71] 南京水利科学研究院土工研究所. 土工试验技术手册[M]. 北京:人民交通出版社,2003.

[72] 任世杰. 真空—堆载联合预压软土路基沉降观测与预测研究[D]. 中南大学硕士学位论文,2006.

[73] 龚晓南. 复合地基[M]. 杭州:浙江大学出版社,1992.

[74] 龚晓南. 复合地基理论及工程应用[M]. 北京:中国建筑工业出版社,2002.

[75] 向其林. 深层搅拌桩复合地基承载性状的应用研究[D]. 中南大学硕士学位论文,2007.

[76] 方磊,等. 柔性基础下复合地基模型试验研究[J]. 土木工程学报,2005(05):67-71.

[77] 杜建成,张利民. 水泥粉喷桩地基桩土应力分布研究[J]. 地基处理,1996,7(4):88-92.

[78] 林彤,刘祖德. 水泥土粉喷桩复合地基试验研究[J]. 中南公路工程,2004(03):22-25.

[79] 曾开华. 路堤荷载下低强度混凝土桩复合地基性状分析[J]. 浙江大学学报,2004(02):58-63.

[80] 吴少汉,等. 路堤下的水泥土搅拌桩复合地基性状的探讨[J]. 湖南交通科技,2007(03):29-31,55.

[81] Kjellman W. Consolidation of Clay Soil by Means of Atmospheric Pressure. Conference on soil stabilization. MIT,1952.

[82] Halton,等. 费城国际机场跑道的软基加固[J]. 邱基骆译:港口工程,1984(3):66-71.

[83] Valent. P. J. Investigation of the seafloor preconsolidatioin foundation concept[R]. Washington:Naval Civil Engineering laboratory,1973.

[84] Ter-Martirosyan Z G, Cherkasova L I. Theoretic basis for the coMPaction of water-saturated soils by vacuum[C],1983.

[85] 三笠正人,大西关雄. 大阪南港用降低地下水位的方法加固地基[J]. 水利水运科技情报,1985(3):57-68.

[86] 陈环,鲍秀清. 负压条件下土的固结有效应力[J]. 岩土工程学报,1984(05):39-47.

[87] 吴跃东,赵维炳. 真空—堆载联合预压加固高速公路软基的研究[J]. 河海大学学报,1999(06):77-81.

[88] 阎澍旺,陈环. 用真空加固软土地基的机制与计算方法[J]. 岩土工程学报,1986(02):35-44.

[89] 钱家欢,赵维炳. 真空预压砂井地基固结分析的半解析方法[J]. 中国科学,1988(04):439-448.

[90] 杨国强. 真空预压法机理探讨[J]. 水运工程,1991(06):34-38.

[91] 陈环.真空预压法机理研究十年[J].港口工程,1991(04):17-26.

[92] 杨顺安,吴建中.真空堆载联合预压法作用机理及其应用[J].地质科技情报,2000(03):77-80.

[93] 侯红英,等.刚性基础软土地基的真空预压处理[J].辽宁工程技术大学学报,2006(04):539-542.

[94] 龚晓南,岑仰润.真空预压加固软土地基机理探讨[J].哈尔滨建筑大学学报,2002(02):7-10.

[95] 丛瑞江.真空预压加固大面积软土地基[J].1996,7(3):82-88.

[96] 李就好.真空—堆载联合预压法在软基加固中的应用[J].岩土力学,1999(04):58-62.

[97] Chu,j,Yan,S. W. & Yang,h. Soil improvement by the vacuum preloading method for an oil storage station [J]. Geotechnique,2000,50 (6).

[98] 阎澍旺,傅海峰,等.真空预压机理模拟装置及典型示范结果[J].天津大学学报,2005(07):611-614.

[99] 沈珠江,陆舜英.软土地基真空排水预压的固结变形分析[J].岩土工程学报,1986(03):7-15.

[100] 张泽鹏,等.塑料排水板在真空预压加固软基中的作用[J].广州大学学报,2002(02):68-71.

[101] 陈环.真空预压加固软基机理研究[R].天津:天津大学,1985.

[102] 张诚厚.真空作用面位置及排水板间距对加固效果的影响[J].岩土工程学报,1990(01):45-52.

[103] 刘加才,等.竖向排水井地基工后沉降预测[J].岩土力学,2006(09):1475-1479.

[104] 明经平,赵维炳.真空预压中地下水位变化的研究[J].水运工程,2005(01):1-6.

[105] 辜清华.真空预压中地下水位变化的理论探讨[J].石家庄铁道学院学报,2007(03):102-105.

[106] 吴春勇.真空堆载联合预压软土路基稳定控制与沉降预测[D],吉林大学博士学位论文,2007.

[107] 范须顺.真空预压法软基加固施工中若干问题的概述[J].港口工程,1995(04):17-20,45.

[108] 于志强,朱耀庭,喻志发.真空预压法加固软土地基的影响区分析[J].中国港湾建设,2001(01):112-118.

[109] 彭■,等.真空-堆载联合预压法软基加固对周围环境的影响[J].岩土工程学报,2002(05):656-659.

[110] 朱建才,陈兰云.龚晓南.高等级公路桥头软基真空堆载联合预压加固试验研究[J].岩石力学与工程学报,2005(12):2160-2165.

[111] 马南飞.高速公路软土路基沉降规律监测及FLAC模拟[J].西安科技大学学报,2007(02):251-254.

[112] 吴晓荣,王东栋,水艳,等.水泥土搅拌桩复合地基沉降设计参数数值分析[J].治淮,2013(12):84-85.

[113] 张伟丽,等.水泥土搅拌桩复合地基的试验和数值模拟分析[J].地质科技情报,2009 (06):136-139.

[114] 郭丰永,史宇,等.高速公路软土地基沉降的 FLAC^{3D} 数值模拟[J].天津城市建设学院 学报学报,2005(04):263-266,278.

[115] 崔国柱.真空联合堆载处理吹填土数值模拟分析[J].山西建筑,2010(11):114-116.

[116] 余成华,等.基于袋装砂井排水固结法处理软基的沉降过程流固耦合模拟[J].岩土力 学,2010(03):939-943.

[117] 赵建斌.吹填土真空预压过程中夹砂层的作用机理[J].土木工程与管理学报,2012 (03):91-93.

[118] 赵明华,等.滨海公路软土路基变形机理及其沉降预测研究[J].公路交通科技,2006 (01):22-29.

[119] 杨绍清,等.双曲线配合法在软土路基沉降预测中的应用[J].探矿工程,2007(06): 141-145.

[120] 欧湘萍,等.高速公路软土路基工后沉降的回旋线推算法[J].武汉理工大学学报,2009 (01):63-67.

[121] 薛祥,等.高速公路软土路基工后沉降预测的新方法[J].岩土工程学报,2011(S1): 332-337.

[122] 李建初.高速公路软土路基工后沉降预测的新方法[D].成都理工大学硕士论文,2012.

[123] 汪莹鹤,王保田.基于 ANSYS 的路基沉降可靠度计算[J].路基工程,2008(01):65-66.

[124] 龚文惠,等.膨胀土路基沉降的可靠度分析[J].华中科技大学学报(自然科学版),2003 (06):45-48.

[125] 王保田,汪莹鹤.基于 LSSVM 与 MCS 的路基沉降可靠度分析[J].岩土力学,2009,30 (3):52-56.

[126] 许春松.水泥搅拌桩复合地基承载特性及软土路基中的应用[D].湖南大学硕士学位论 文,2012.

[127] 中华人民共和国行业标准.JGJ 79—2002 建筑地基处理技术规范[S].北京:中国建 筑工业出版社,2002.

[128] 中华人民共和国国家标准.GB 50007—2011 建筑地基基础设计规范[S].北京:中国 建筑工业出版社,2011.

[129] 谢小妍.土力学[M].北京:中国农业出版社,2006.

[130] 邱发兴.地基沉降变形计算[M].成都:四川大学出版社,2007.

[131] 李广信.高等土力学[M].北京:清华大学出版社,2004.

[132] 王旭升,陈崇希.砂井地基固结的三维有限元模型及应用[J].岩土力学,2004(01): 94-98.

[133] Chai, J. C., Shen, S. L., Miura, N. and Bergado, D. T. A simple method of model-ing PVD improved subsoil[J]. J. Geotech. and Geoenviron. Engng. ASCE,2001,127 (11).

[134] 杨华.高速公路路堤下水泥搅拌桩承载力及沉降的研究[D].华东交通大学硕士论

文,2009.

[135] 闫强刚,左宏伟.岩土工程设计可靠度分析与计算方法[J].四川建筑,1999(02):41-44.

[136] 张建仁.结构可靠度理论及其在桥梁工程中的应用[M].北京:人民交通出版社,2002.

[137] 王成金.中国高速公路网的发展演化及区域效应研究[J].地理科学进展,2006,25(6):126-137.

[138] 王金余.中美高速公路发展模式比较研究[D].北京交通大学,2012.

[139] 邢横高速公路衡水段二期工程地基处理汇报材料[R].石家庄河北省交通规划设计院.2012.

[140] 钱立平.土工离心机试验原理与若干问题分析[J].岩土工程学报,2010,05 6(5):39-47.

[141] W. Kjellman. Consolidation of Clay Soil by Means of Atmospheric Pressure[A]. Proc:Conference on Soil Stabilization[C]. MIT,Boston 1952.

[142] Halton.费城国际机场跑道的软基加固[J].邱基骆,译.港口工程,1984,11-13.

[143] P. J. Valent. Investigation of the Seafloor preconsolidatioin Foundation Concept[M]. Washington:Naval Civil Engineering laboratory, May 1973.

[144] Mikasa,M. etal. Improvement by dewatering Osaka South[M]. Proc:Geoteehnical aspects of coastal reclamation projects in Japan,1981.

[145] 胡云龙.真空预压法在道路软基处理工程中的应用研究[D].中南大学,2007.

[146] 张岩军,张岩诘.国内真空预压法加固软土地基的现状与趋势[J].世界地质,2000,19(4):375-378.

[147] 彭▇.真空—堆载联合预压法加固机理与计算理论研究[D].河海大学,2003.

[148] 唐界生.真空预压法加固软土地基现场试验研究及其应用[A].真空预压加固软土地基论文汇编[C],1986(1).

[149] 吴跃东,等.真空堆载联合预压加固高速公路软基的研究[J].河海大学学报,1999,27(6),77-81.

[150] 天津大学地质地基教研室.真空排水固结试验研究[J].天津土工创刊一号,1961.

[151] 陈环.真空预压法机理研究十年[J].港口工程.1991,04:17-25.

[152] 吴桂芬.真空—堆载联合预压加固软基效果的试验研究[D].河海大学,2005.

[153] 阎澍旺,陈环.用真空加固软土地基的机制与计算方法[J].岩土工程学报,1986,38(2):35-44.

[154] 张诚厚,王伯衍,曹永琅.真空作用面位置及排水管间距对预压效果的影响[J].岩土工程学报,1990,12(1):45-52.

[155] 冉光斌.土工离心机及振动台发展综述[J].环境技术,2007(3):25-29.

[156] 濮家骝.土工离心模型试验及其应用的发展趋势[J].岩土工程学报,1996,18(5):92-94.

[157] 包承纲.我国离心模拟试验技术的现状和展望[J].岩土工程学报,1991,13(6):92-97.

[158] 孙述祖.土工离心机设计综述[J].南京水利科学研究院,1991(1):109-121.

[159] 张鹏超.湿地湖泊相软土加固离心模型试验研究和对比[D].河北工业大学,2014.

[160] Biot, M. A. General theory of three-dimension-consolidation[J]. Jour Appl Phys, 1942, 12:155-164.

[161] Kastube N, Carroll M M. The modified mixture theory for fluid-saturated prorousmaterial: Theory[J]. J Appl Mech, 1987, 54:35-40.

[162] Xikui Li. O. C. Zienkiewicz, Y. M. Xie. A numerical model for immiscible two-phase fluid flow in a Porous medium and its time domain solution and its time solution. Int. J. Numer. Mech. Engng 1991. 30:1195-1292.

[163] 董平川, 郎兆新, 徐小荷. 油井开采过程中油层变形的流固耦合分析[J]. 地质力学学报, 2000, 66(2):6-9.

[164] 薛世峰, 宋惠珍. 非混溶饱和两相渗流与孔隙介质祸合作用的理论研究数学模型[J]. 地质地震, 1999, 21(3):243-252.

[165] 范学平, 李秀生, 张士诚, 等. 低渗透气藏整体压裂流固祸合数学模型[J]. 石油勘探与开发, 2000, 27(1):76-79.

[166] 董平川, 徐小荷, 何顺利. 流固耦合问题及研究进展[J]. 地质力学学报, 1999, 3 (5): 18-26.

[167] Walton OR. Particle dynamics modeling of geological materials. 1980, Lawrence Livermore Mational Lab. Report UCRL:52915.

[168] 徐泳, 孙其诚, 张凌, 等. 颗粒离散元法研究进展[J]. 力学进展, 2003, 33(2):251-260.

[169] 王泳嘉, 邢纪波. 离散元法及其在岩土力学中的应用[M]. 辽宁:东北工学院出版社.

[170] 王泳嘉, 宋文洲, 赵艳娟. 离散单元法软件系统的现代化特点[J]. 岩石力学与工程学报, 2000, 19(S1):1057-1060.

[171] 王卫华. 离散元法及其在岩土工程中的应用综述[J]. 岩土工程技术, 2005, 4(19): 177-181.

[172] 王涛, 吕庆, 李杨. 颗粒离散元方法中接触模型的开发[J]. 岩石力学与工程学报, 2009, 28(3):4040-4045.

[173] 习志雄. 真空预压法处理吹填淤泥质软土地基的颗粒流数值模拟[D]. 北京交通大学, 2010.

[174] 李杰. 邢衡高速软弱土微观结构特征研究[D]. 河北工业大学, 2014.

[175] 申松. 湿地湖泊相软土路基用真空堆载联合预压法代替水泥土搅拌桩法的可靠性研究[D]. 河北工业大学, 2014.

[176] 李镶涧. 邢衡高速路基软土的微结构本构模型[D]. 河北工业大学, 2014.

[177] 刘寒宇. 真空堆载预压的流固耦合分析[D]. 河北工业大学, 2015.